도 쿄 의
맛 있 는
커 피 집

珈琲が美味しい

도쿄의
맛있는
커피집

다카하시 아쓰시 편저
윤선해 옮김

황소자리

옮긴이의 말

저는 약 15년간 도쿄에서 살았고, 이후 15년은 일본을 오가며 커피 관련 일을 하고 있습니다. 그러다 보니 대략 30년을 도쿄와 오사카를 생활권에 두고, 오랜 커피 덕후이자 커피 관계자로서 많은 카페와 커피집들을 다녔습니다.

이 책에 소개된 커피집 중에는 제가 아는 분이 경영하거나 이미 가본 곳도 여럿 있습니다. 하지만 절반은 저도 처음 알게 된 곳들이어서, 책상에 앉아 카페 여행을 떠나는 기분으로 즐겁게 번역을 했습니다.

일본에서 생활하던 스무 살 무렵에는 절대로 들어가지 않았던 카페(킷사텐)들의 이야기를 읽으면서, 더해진 나이의 무게만큼 특정 장소에 응축된 시간과 공간의 가치를 소중하게 생각하는 저 자신의 변화를 절감했습니다. 나아가 15년간 경영해 오고 있는 작은 회사의 책임자로서, 100년 가까운 시간을 지켜내고 있는 위대한 가게들에 대한 경이로움과 존경심까지 일었습니다.

번역을 마치고 나서, 가장 가보고 싶었던 트리콜로르 긴자 본점을 찾아갔습니다. 책에 소개되었던 '중후한 회전문'을 돌려 안으로 들어섰을 때, 2층으로 향하는 계단에 놓인 스툴에 앉아 내 차례를 기다릴 때, 그리고 한 시간 후 안내되어 테이블에 앉았을 때, '성덕'의 희열을 느꼈습니다. 책에서 소개한 카페오레를 시켰습니다. 역시 (책에서처럼) 커피와 우유가 든 포트를 들고 온 직원이 양손으로 동시에 커피와 우유를 폭포수처럼 부어줄 때 저도 모르게 탄성을 내지르고 말았습니다. 새삼스럽게도 그들은 무엇을 위해, 무엇 때문에 이 공간에서 자부심을 가지며 일할 수 있는 걸까 생각했습니다.

책에 소개된 커피집들은 짧게는 3년, 길게는 100년 동안 한 자리를 지켜온 도쿄의 '엄선된' 커피집입니다. 커피가 메인이 아닌 곳도 있습니다. 지역공동체 같은 공간도 있습니다. 다만 어느 곳이든 커피 그 자체보다는, 커피를 내리는 '사람'과 마시는 '사람'이 먼저 보이는 공간들이라는 공통점이 있습니다. 어느 쪽이 먼저랄 것도 없이 서로가 '지키고 싶은' 우리들의 공간이라는 점이 너무나 부럽고 좋아 보였습니다.

그냥 스치고 지나가기만 했던 작고 오래되고 허름했던 곳들이, 이 책에서 들려주는 이야기로 인해 따뜻하고 빛나고 정겹고 가보고 싶은 곳이 되었습니다. 책에 포스트잇을 붙여 들고 다니며, 기회가 생길 때마다 한 곳씩 꼭 다 가보려고 합니다. 이 책을 읽은 여러분도 그랬으면 좋겠습니다. 혹시라도 이 책을 읽고 도쿄를 찾아온 독자와 카페에서 마주친다면, 제가 꼭 맛있는 커피를 쏘겠습니다. 혹은 떠나지 않더라도 이 책을 읽는 것만으로도 절반은 그 공간의 느낌을 경험할 수 있으리라고 확신합니다.
마지막으로, 이 책을 번역할 수 있게 기회를 주신 황소자리 대표님께 진심으로 감사를 드립니다.

2023년 한여름,
윤선해 올림

차례

이 책은 잡지 〈커피 시간〉(다이세이샤)에 게재된 인기 기사를 재구성하고 부분적으로 재취재한 것이다. 영업시간 등 정보는 취재 당시의 내용을 기재했다. 다만 계절에 따라 일부 변경될 수 있으니 참고하기 바란다.

맛있는 커피를 마실 수 있는
스승님들의 커피집

커피는 매일 손쉽게 마실 수 있지만
따지고 들면 한없이 깊이가 있는 것.
그런 매력을 알려주는 대표 커피집을 소개한다.

진보초의 랜드마크 격인 쇼가쿠칸 빌딩 1층에 자리한 커피집 미카페토. 여러 지점이 있지만 들어서기 편한 분위기가
이 가게의 특징이다.

커피 헌터, 호세 가와시마 씨의
맛있는 커피를 편하게 즐길 수 있는 곳.

진보초(神保町)

미카페토 히토츠바시점

みかふぇーと ひとつばしてん

사진·글—다카하시 아쓰시

1. 실내 벽쪽에 배치된 4인석은 이야기를 나누기에 좋다. 지역 특성상 출판 관계자가 많다고 한다. 2. 드립을 하는 점장 미야자키 씨. 3. 매장에는 커피 헌터즈 상품들이 진열되어 있다.

'커피 헌터'라는 별명으로 널리 알려진 호세 가와시마 요시아키José 川島良彰가 이끄는 미카페토. 긴자나 록본기에 있는 점포들은 너무도 화려해서 살짝 주눅이 들지만, 품위 있는 그의 커피 맛은 모두가 체험해 봤으면 하는 특별함이 있다. 그중 추천하고 싶은 곳이 진보초에 있는 바로 이 커피집이다.

쇼가쿠칸 빌딩 1층 도로 쪽에 있는 점포로, 출입구는 개방감 있는 유리창으로 되어있다. 바깥에는 테라스 자리가 갖춰졌으며, 안에는 4인석, 1인석과 편안한 카운터 자리가 있다.

와인처럼 품질 구분이 명확하게 이루어진 상품군 중에서도 정평이 난 '커피 헌터즈' 시리즈 20여 종을 늘 구비하고 있다. 오늘의 핸드드립 커피를 주문하니 점장인 미야자키 소우시 씨가 멋진 폼으로 한 잔을 드립해 주었다. "이 커피는 태국의 도이통입니다. 마일드하면서 차분한 산미, 깔끔한 맛깔스러움이 매력이죠."

더불어 카페라테가 인기 있다고 소개했다. 2종류 중 선택하는 콩은 매주 바뀌며, 우유 역시 진

4. 신선함을 지키고 아로마를 놓치지 않기 위해 샴페인 병에 밀봉한 프리미에 크루 카페 시리즈. 특별한 날 여는 커피를 꼭 드셔보시길… 5. 오늘의 드립커피인 태국 도이통 커피. 레몬 머핀과 함께.

One more topic

커피의 기본을 알려주는 호세 가와사마 씨 추천 책!

신념 강한 농업기술지도사이기도 한 호세 가와사마 씨. 그의 저서 《인생을 풍요롭게 하고 싶은 사람을 위한 커피》를 기본을 제대로 배우고 싶은 사람에게 추천한다. '품질은 첫째도 생두, 둘째도 생두' '커피는 과일이다' 등등 묵직한 문장들로 가득한 책이다.

통로의 벽면을 활용해 만든 스타일리시한 카운터 테이블.

MI-CAFETO

❧ shop info
- - - - - - - - - - - - - - - - -
도쿄도 치요다구 히토츠바시 2-3-1 쇼가쿠칸
빌딩1층
Tel: 03-6261-5434
영업시간: 11:00~18:00
정기휴일: 토·일요일, 국경일. 금연
도쿄메트로 한죠몬센, 토에이신주쿠센, 미타
센 진보초역 도보 1분
*영업일·영업시간은 변경될 수 있음.

6. 호세 가와시마 요시아키 씨. 7. 호세 씨가 해외에서 구입한 사진집들. 8. 앞쪽은 치야규(千屋牛)와 히미돈(氷見豚) 소보로 도시락. 뒷쪽은 신경발췌선어회절임 도시락.

귀한 것으로 엄선한다. '단맛이 좋으면서, 뒷맛이 깔끔한' 오쿠이즈모지방奧出雲地方에서 생산된 '기스키木次 페스처라이즈 우유'가 바로 그것이다.

실은 이 커피집의 숨겨진 걸작이 있는데, 테이크아웃 도시락이다. 보통 4종류로 만들어지는 도시락은 커피와 함께 1,500엔~. 엄선된 재료들로 정성스럽게 조리한 도시락은 미카페토의 이름에 걸맞은 일품요리이다.

지식과 기술과 50년 변함없는 열정으로
커피의 깊은 세계를 전수하는…,

자가배전 커피집 Caffe Bernini

じかばいせんコーヒーや　カフェ ベルニーニ

'카운터는 손님을 즐겁게 해주는 무대'라고 말하는 미야자키 씨. 따라서 추출 자세나 대화 내용에도 마음을 쓴다.

카운터에서 커피를 내리는 대표 미야자키 히데오岩崎俊雄 씨. 추출 자태에 넋을 놓고 있으려
니, "물은 너무 높지 않은 곳에서 부어주어야 해요."라며 미소짓는다. 상냥한 말투에 안도하며
"제가 추출할 때는 더 높은 곳에서 물을 부어요."라고 솔직히 고백하는 나. 이렇게 즉석 커피
교실이 시작된다. 이 모습을 바라보던 아들 겐이치 씨가 흔한 풍경이라고 말하며 웃는다.

재팬사이포니스트 챔피언십 심사위원으로 활동하고 있지만, 가게에서는 일반 가정에서 가장
많이 사용하는 페이퍼드립으로 추출한다. 커피집에서 체험한 맛을 집에서도 재현할 수 있기
를 바라는 마음에서다.

"여기서 마신 후 맛있다고 해주는 것도 기쁘지만, 집에서도 맛있게 내려 마셨다는 말을 듣는
것이 훨씬 더 기뻐요. 그러기 위해 제가 가진 지식은 전부 전해드리지요."라고 그는 말한다.

커피의 깊은 매력을 전하고 싶다는 일념은, 이 업계에 발을 들인 반세기 전부터 변함이 없다.
지금도 새로운 산지로 주목받고 있는 대만 커피를 소개하는 이벤트를 열거나, 가게 대표 상

1. 미야자키 씨는 사이폰 명문점으로 잘 알려진 구단시타(九段下)의 킷사텐
에서 수업을 받고, 커피숍 전성기에 대형 프랜차이즈에 입사. 전국 점포 개
점 기반을 만들고 25년간 근무한 후, 1999년 자신의 가게를 열었다. 가게
안에는 로스팅실이 있다. 2. 녹음이 풍요로운 공원에 근접한 가게는, 옅은 핑
크색 외관이 인상적이다.

글―기무라 리에코, **사진**―호키즈카 유타

CAFFÈ BERNINI

품인 이탈리안 블렌드 원두를 사용해 커피 양갱을 만들면서 커피의 매력을 개척하고 알리는 데 분주하다.

그나저나 커피 애호가들의 궁극의 바람이라면, 취향의 맛을 만나는 것 아닐까. 그 취향을 지식과 열정이 응축된 이곳의 한 잔을 맛보면서 찾아보면 어떨까?

로스팅을 담당하는 아들 겐이치 씨. 아버지와 2인3각으로 가게를 지킨다.

로스팅 정도와 정제처리법이 다른 여러 종류 커피 콩이 카운터에 놓여 있다. 실물을 보면 누구나 일목요연하게 알 수 있다.

3. 내 커피는 어떤 컵에 담겨 나올까. 4. 싱글오리진은 14종류를 제공. 파나마 게이샤 돈파치 농원은 980엔. 벨니니의 이탈리안블렌드 커피와 교토의 오래된 화과자점의 컬래버로 만들어진 커피양갱은 430엔.

◆ shop info

- - - - - - - - - - - - - - - - - -

도쿄도 이타바시구 시무라 3-7-1

Tel: 03-5916-0085

영업시간: 13:00~18:00

정기휴일: 일·월요일, 금연

도에이미타센 시무라3초메역에서 도보 2분

One more topic

몸도 마음도 따뜻해지는
겨울 한정 'BLEND FUYU'

"싱글오리진 로스팅은 맛을 이끌어내기 위한 것. 블렌딩은 새로운 맛을 만드는 것"이라고 설명하는 겐이치 씨. Q아라비카그레이더 자격을 갖고 있으며, 로스팅을 담당한다. 겨울한정 'BLEND FUYU'는 에티오피아, 케냐, 만델린이 들어가는데, 로스팅을 서로 다르게 한 2종을 배합한다. 점도가 있는 찐득함이 특징이다. 한 잔 600엔, 100g/880엔.

1

일본 커피풍경을 견인하는
익숙한 '스승들의 커피집' 인큐베이터

치토세후나바시干(蔵船橋)

호리구치커피 세타가야점

ほりぐちコーヒー せたがやてん

글—세키 미도리, **사진**—다카하시 아쓰시

1. 나무의 따뜻함을 살린 차분한 분위기. 2. 각종 블렌드, 싱글오리진 중 골라 주문하는 커피는 600엔~. 주문하면 한 잔씩 내려 자리까지 서빙한다. 3. 시티로스트는 한 잔용으로 20g을 듬뿍 사용해 깊이 있는 맛을 추구한다.

건물들이 촘촘히 이어지는 작은 상점과 좁은 길들 사이에, 어딘가 쇼와시대의 풍경이 남아있는 도쿄 세타가야. 오다큐센 치토세후나바시역을 둘러싸고 있는 상점가의 품속에 오늘도 호리구치커피에서 향긋한 커피 향이 피어나고 있다.

창업은 1990년. 당시에는 현 점포의 위층에 원두 판매점을 겸한 킷사텐이 있었다. 창업자인 호리구치 토시히데 씨는 스페셜티커피라는 말이 일본 내에 침투하기 이전부터, 생두의 품질과 신선도, 산지의 개성이 명확하게 표현되는 로스팅을 추구한 선구자적 존재이다. 산지 방문을 통한 생두 조달 등 적극적 도전을 통해 맛있는 커피란 어떤 것인지 몸소 보여주며 오늘에 이르렀다. 이렇게 쌓인 호리구치커피 맛에 대한 신뢰는 2013년 리브랜딩을 거쳐 전 세계에 팬을 확보하는 성과로 이어졌다.

공간은 브랜드 컬러인 진한 커피색을 기조로 목재의 따뜻함이 더해졌고, 천장에는 보가 깔린, 모던하고 안락한 분위기이다. 추천하는 커피는 고품질 커피를 다양하게 조합해 만든 9종류의 블렌딩 커피. 2021년 'CLASSIC 시리즈'로 새롭게 개량되었으며 싱글오리진에서는 맛볼 수 없는, 복합적이고 고도로 깊은 맛을 느낄 수 있다. 집에서 마시는 일상용 커피로, 친구들과 이야기에 필요한 준비물로, 이곳 상점가 사람들의 출근 전 루틴으로 호리구치커피가 함께 하고 있다.

호리구치커피가 하는 일을 잘 알 수 있는 내부 풍경.

4. 에스프레소(싱글 330엔, 더블 550엔), 카푸치노(660엔) 등의 메뉴에는 시네쏘사의 머신을 사용. 5. 심플한 인테리어를 추구하는 실내. 곳곳에 사용된 목재가 따뜻함을 더한다. 6. 세타가야점에서는 창업 당시부터 아리타야키의 잔에 드립 커피를 제공한다. 계절별로 바뀌는 수제 디저트도 강추. 사진의 사과파이(660엔)는 1~5월 한정 판매.

One more topic

**오리지널 블렌드 커피
중 특히 #3과 #7**

입체감을 테마로 은은한 산미와
부드러운 쓴맛을 떠올리며 만든
#3 마일드&하모니어스(시티로스
트), 꽉찬 바디감과 쓴맛 여기에 은
은한 단맛과 깊이 있는 커피다움
을 즐길 수 있는 #7 비터스위트&
풀바디드(프랜치로스트)가 9개의
블렌드 중에서도 특히 인기다. 맛
의 대비를 비교하며 즐겨보기 바
란다. 200g/각 1836엔

가게에 들어서자마자 카운터에 줄지어 서 있는 테이크아웃용 원
두가 눈에 들어온다. 리뉴얼된 9종류 블렌드와 로스팅 정도에 따
라 다양한 맛을 즐길 수 있는 싱글오리진 커피로 나만의 취향의
맛을 찾아보기 좋다.

HORIGUCHICOFFEE

❥ shop info

도쿄도 세타가야구 후나바시 1-12-15
Tel: 03-5477-4142
영업시간: 11:00~19:00 (18:40 Last order)
정기휴일: 제3 수요일 금연
오다큐센 치토세후나바시역에서 도보 1분

기술을 구사해 사람을 위로하는,
마음에 스미는 일기일회의 한 잔

로스트로ROSTRO

ロストロ

글―사토 사유리, 사진―나가시마 다케시

3. 콩에 따라 상부의 나사로 굵기를 조절. 핸드메이드 수동그라인더는 이탈리아 트레스페이드 제품. 4. 수제 쿠키와 오더메이드 커피(900엔~) 컵은 전부 나카야마 제도소의 명품. 5. 주문표에 요청사항을 기록. 6. 옆 건물의 배전공방에서 제조한 원두도 판매. 2020년 12월 개최한 국제테이스팅대회에서 금상을 수상한 오리지널 블렌드 3종 세트는 선물용으로 인기가 많다.

1. 커피를 만든 사람의 마음이 전해지도록, 매일 바뀌는 테이크아웃 커피는 만든 사람의 얼굴 사진과 설명문을 게재. 2. 키워드를 따라 콩을 선택하고, 배합하고, 레시피를 구축. 15분쯤 기다리면 최고의 한 잔이 추출되어 나온다. 주문이 밀리면 한 시간 정도 기다리기도 한다고.

프로들이 찾는 배전공방을 운영하던 시미즈 케이이치淸水慶一 씨가 "전문점으로서, 마시는 사람을 위한 '이상적인 한 잔'을 제공하고 싶다"며 킷사텐 로스트로ROSTRO를 시작한 것은 2017년. 테이크아웃 커피스탠드에서는 오늘의 커피 3종류 중에서 선택할 수 있고, 가게 안에서 마실 경우 카운터석에서 편안하게 기다리면 좋아하는 커피가 나온다.

메뉴는 따로 없고, 한 잔 한 잔이 오더메이드이다. '좋은 일이 있었다' '피곤하다' '이런 맛을 마시고 싶다' 등, 손님의 기분에 따라 단맛이나 신맛, 쓴맛을 추가한 커피 주문이 진행된다.

"농도나 취향 등을 이미지하면서 그 자리에서 레시피를 생각하기 때문에, 같은 맛은 두 번 다시 만들 수 없습니다." 이렇게 말하는 케이이치 대표는 70종류 원두 중에서 선택된 콩을 수동

그라인더로 분쇄한다. 굵기를 달리한 콩들을 블렌딩하는데, 종종 지층처럼 겹쳐서 사이폰으로 내리거나, 핸드드립하거나, 때로 두 가지로 각각 내린 후 조합하기도 한다. 자유로운 발상으로 떠오르는 아이디어를 즉석에서 곧바로 실천해 나가는 모습에 홀딱 반해버렸다.

마침내 따뜻하게 데워진 커피잔에 입을 갖다 대면, 맛과 향이 입체감 있게 떠오르고 누구라도 눈꼬리가 처지며 묵언수행.

"킷사텐은 일본 특유의 커피문화지요. 디지털이 아닌 장인으로서 수제문화와 교류를 전해주는 일을 하고 싶어요."

7. 페이퍼 매수, 분쇄 커피가루 넣는 법, 추출이나 여과 방법 등 세세한 부분까지 유연하고 복합적으로 바뀌어 간다. "저장된 정보와 진심이 없으면, 오더메이드는 불가능합니다." 8. 외벽을 따라 테이크아웃 전용 테라스가 있다. 나무그늘에서 마시는 커피는 어떤 것과도 바꿀 수가 없다. 9. 쓴맛과 떫은맛을 강하게 하고 싶을 때 '사이폰으로 우려낸다'는 시미즈 씨.

10. 예스러운 킷사텐 풍경은 인테리어 회사 'M&M' 작품. 디지털 기기는 사용 불가. 11. '클린하게 하기 싫을 때도 있어서' 일부러 채프나 미분 등을 남겨 내리기도 한다고.

ROSTRO

● shop info
- - - - - - - - - - - - - - - - -

도쿄도 시부야구 토미가야 1-14-20 사우스피아1층
Tel: 03-5452-1450
영업시간: 8:00~20:00(화요일은 ~17:30)
정기휴일: 없음. 금연
도쿄메트로 치요다센 요요기공원역에서 도보5분

One more topic

2년 연속 금상에 빛나는 추천 블렌드 'SOLEIL(소레이유)'

라이트에서 비터까지, 향도 맛도 천차만별인 10종류의 오리지널 블렌드를 갖추고 있다. 그중 2020년 12월에 개최한 테이스팅대회에서 2년 연속 금상을 받은 SOLEIL (200g/ 2000엔). 초콜릿 같은 단맛과 바디감, 여기에 좋은 마일드 비터 중강배전으로 우유를 넣어 마시면 조합력 최강이다. 간편한 드립백(200엔)도 있다.

서드웨이브의 웅장한 기함旗艦,
커피 맛에 눈뜨는 곳

블루보틀커피
기요스미 시라가와 플래그십 카페

ブルーボトルコーヒー きよすみしらかわ
フラッグシップカフェ

1

2015년 2월 일본에 처음 상륙한 블루보틀. 기요스미 시라가와 플래그십 카페는 최근까지 폭발적이었던 일본 커피 붐을 견인해 온 '파란병 로고'의 본거지이다.

커피 애호가를 늘리고, 새로운 체험을 제공하고 싶다는 바람으로 2019년에 리뉴얼했다. 가게 내에서 마시는 커피는 싱글오리진만 제공하며, 대부분 약배전에 프루티한 것들이다. 핸드드립은 2~3종류를 준비하고 있다.

이날 맛본 것은 부룬디 응고지 내추럴. 산미는 조금 강한 편이지만, 과일차를 연상시키는 단맛과 밸런스에 깜짝 놀랐다.

이런 새로운 맛을 알게 되는 경험을 포함해, 기요스미 시라가와는 '배움의 장소'라고도 알려져 있다. "신입사원 트레이닝도 이곳에서 실시하고 있어요."라고 홍보 담당자, 실은 창업자인

1. 플래그십에 걸맞은 대형 공간은 여유로움과 넉넉함이 매력 포인트 2. 머신이 단정하게 나열된 카운터. 3. 핸드드립은 오리지널 페이퍼를 사용. 4. 바리스타의 추출 풍경을 눈앞에서 볼 수 있다.

사진·글—다카하시 아쓰시

제임스 프리먼 씨가 말한다. 그가 기요스미 시라가와를 선택한 이유 중 하나는, "창업지인 미국 서해 연안 오클랜드처럼 건물이 낮고, 하늘이 넓고, 지역주민이 친절하기 때문"이었다고 한다. 이곳을 시작으로 이후 일본 각지에서 점포를 오픈할 때에는 지역 문화와 주민과의 접점을 중시하고 있다는 것도 특징이다.

이제는 일본 전국에 25개 점포를 열었을 만큼 진화한 블루보틀이지만, 지역에 뿌리내리고자 하는 마음가짐은 첫 상륙때부터 지금까지 변함없이 유지하고 있다.

기요스미 시라가와에서 커핑하고 있는 창업자 제임스 프리먼 씨.

5. 브룬디 응고지 내추럴(660엔)과 리에주 와플(594엔). 6. 에스프레소 머신은 라마르조코 리네아BP-2를 사용. 7. 기요스미 시라가와에는 싱글오리진만 있다. 8. 마음까지 부드러워지는 라테도 인기가 많다.

9. 오리지널 블랜드는 빈으로 판매. 10. 여름에는 한정판으로 아이스캔 커피를 판다. 11. 기요스미 시라가와에서 사용한 에스프레소 커피찌꺼기로 물들인 커피토트백(2,530엔)

❥ shop info

도쿄도 고토구 히라노 1-4-8
Tel: 비공개
영업시간: 8:00~19:00
정기휴일: 무휴, 금연
도쿄메트로 한죠몬센, 도에이오 에도센 기요스미 시라가와역에서 도보 5분

One more topic

고베 한큐백화점 신규 점포는 거리 뷰와 유니크한 외부 인테리어로 인기몰이 중

2022년 8월에 고베 거리의 입구, 고베 한큐백화점 1층에 새로 문을 연 '블루보틀커피 고베 한큐카페'. 백화점 쇼윈도 프레임을 활용한 인테리어로, 외부에서도 주문할 수 있는 커피 스탠드가 있는 것도 재미있는 포인트다. 해당 가게 한정 소프트아이스크림과 샌드위치를 포함한 간단한 음식도 추천한다. 효고현 고베시 주오구 오노무라토오리8-1-8 고베한큐신관 1층. 10:00~20:00. 백화점 휴무일에 맞춰 쉼.

지역 밀착형 점포 스타일이 매력 포인트. 점포 앞을 초등학생들이 오간다.

기다란 카운터에 바리스타들이 서서 손님 한 명 한 명을 응대한다.
추출은 에스프레소, 푸어오버, 에어로프레소 선택 가능하다.

교토의 노점포 도쿄 진출 1호점은
커피도 요리도 제대로 갖춘 실험실

오가와 커피 LABORATORY
사쿠라신마치점

オガワコーヒー ラボラトリー サクラシンマチ

사진·글—다카하시 아쓰시

1. 디너 메뉴 중 하나인 '미야자키산 삼림닭다리살 숯불 그릴, 오늘의 소스'. 커피와의 페어링을 고려한 요리다. 2. 바리스타가 제안하는 시그니처 드링크. 3. 아름다운 라떼 아트에 나도 모르게 빠져든다. 4. 도쿄 플래그십 매장의 콘셉트를 들려주는 우다 요시노리 씨.

전쟁이 끝난 지 얼마 되지 않은 쇼와 27년(1952년)에 창업한 교토 오가와 커피. 일찍이 가정용 커피를 적극적으로 보급해 온 만큼, 간사이권을 중심으로 그 이름을 널리 알렸다.

그 오가와 커피가 2020년 여름, 포부를 갖고 도쿄에 진출했다. 1호점으로 만든 곳이 바로 이곳. 어딘가 교토스러운 풍경을 지닌 사쿠라신마치桜新町. 사쿠라신사 뒤 주택가에 교토의 전통적 요소를 구석구석 담은 스타일리시한 건물이 녹아들어 있다. 심플한 회색빛 공간 중앙에는 차실 같은 공간(커피원두 저장고)을 갖추고, 주변에 입체감 있는 카운터를 배치했다.

"교토풍의 접대서비스 문화를 접목하여, 매장에서는 바리스타가 손님 한 명 한 명을 응대합니다. 손님 취향에 맞추어 마지막까지 책임을 갖고 추출하고 있습니다."

이번 프로젝트를 총괄한 상무이사 우다 요시노리宇田吉範 씨가 설명한다.

커피원두 21종이 상시 비치돼 있고, 매주 바뀌는 스페셜티 커피는 모두 최고 등급이다. 여기에 요요기우에하라에서 다양한 점포를 운영하는 슈루슈의 마루야마 도모히로丸山智博 씨가 감수한 '숯불구이' 콘셉트 요리를 제공한다. 모닝 세트부터 디너까지, 단순한 카페의 영역을 뛰어넘어 퀄리티가 매우 훌륭하다. 교토의 노점포가 제안하는 새로운 커피 즐기는 법. 당신도 꼭 체험해 보시길.

5. 차실 입구를 이미지한 창고도 유니크하다. 가게로 들어가면 바로 카운터 뒤편에 있다. 6. 바리스타의 작업을 눈앞에서 구경할 수 있다. 7. 벽쪽 진열장에는 커피와 오리지널 굿즈가 있다.

커피와 어울리는 모닝 세트 예시. 취재 당시에는 '숯불버터토스트&토마토그릴과 햄, 루콜라, 파마산 플레이트'였다.

OGAWA COFFEE LABORATORY

☕ shop info

도쿄도 세타가야구 신마치 3-23-8 에스카리에 사쿠라신마치 1층
Tel: 03-6413-5252
영업시간: 7:00~22:00 (21:30 last order)
정기휴일: 없음. 금연
도큐덴엔토시센 사쿠라신마치역에서 도보 3분

One more topic

온라인판매 라인업도 충실한 노점포,

통신판매 제품에는 스페셜티 커피부터 레귤러 커피까지 많은 상품이 있다. 독자들에게는 'OGAWA COFFEE LABORATORY 원두 시리즈'를 추천한다.
'자메이카 블루마운틴 No.1 OGAWA PLOT'(100g/3800엔) 원두는 버터토스트 같은 고소한 향, 멜론 같은 산미와 단맛, 클리어한 후미가 일품이다.

원두를 살 수 있는 인기 커피집의 온라인 사이트

맛있는 커피를 집에서도 즐기고 싶은 사람이 많겠지요.
인기 커피집의 원두를 온라인에서도 편하게 구입 할 수 있어요.
여기에 소개된 주요 커피집의 사이트를 모았습니다.

미카페토 온라인스토어

https://shop.mi-cafeto.com/

커피헌터 호세 가와시마 요시아키 씨가 이끄는 미카페토 공식 온라인스토어. 우수한 농원에서 수확한 최고급 프리미어 크루 카페 시리즈와 농원의 단일재배종을 중심으로 한 커피헌터 시리즈 등 가와시마 씨가 현지에서 직접 고른 최고 품질의 커피를 갖추고 있다.

| 미카페토 히토츠바시점—p12

카페 벨니니 주문 사이트

www.caffe-bernini.com/order/

이타바시에서 유명한 카페 벨니니 통신판매사이트에서는 오리지널 벨니니 블렌드(중강배전)와 이탈리안 블렌드(강배전) 외에도, 싱글오리진 원두도 다수 갖추고 있다. 강배전, 중강배전, 중배전, 약배전 등 호스팅에 따라 갖춰진 콩들을 항목별로 클릭하면 상세내용을 볼 수 있다.

| 자가배전 커피집 CAFFÉ BERNINI —P16

호리구치커피 온라인스토어

https://kohikobo.com/

스페셜티 커피 전문점의 선구자로 알려진 호리구치커피는 요코하마에 로스터리를 갖추고 있다. 창업 당시부터 계속해서 만들어온 오리지널 '번호로 분류된 블렌드'는 물론, 제철 싱글오리진도 풍성하다. 카테고리별, 향미별로도 찾을 수 있으며, 원두 설명도 명확하다

| 호리구치커피 세타가야점—p20

블루보틀 커피 공식 온라인스토어

https://store.bluebottlecoffee.jp//

설명이 필요 없는 서드웨이브의 주역 블루
보틀 커피. 공식 사이트에서는 벨라 도노
반, 자이언트 스텝스 등 오리지널 원두를
필두로, 오리지널 추출기구와 컵, 텀블러와
토트백 등도 구입 가능하다. 익숙한 로고가
들어간 센스 넘치는 아이템을 커피와 함께
고를 수 있다.

| 블루보틀 커피 기요스미 시라가와 플래그십 카페
　―p28

오가와 커피 LAVORATORY
온라인 숍

www.ogawacoffeelaboratory.com

교토 출신 오가와 커피가 2020년 여름, 도
쿄 사쿠라신마치에 진출했다. 그 후 시모기
타자와에도 2호점을 오픈. '교토 커피 장인
이 선보이는 이노베이션의 장'으로서 시작
한 Lab인만큼 온라인숍도 풍성하게 준비돼
있다. 심플하게 분류된 싱글오리진과 블렌
드가 갖춰져 있다.

| 오가와 커피 LABORATORY 사쿠라신마치
　―p32

로스트로 공식 사이트

https://rostro.thebase.in/

엄선된 스페셜티 커피만을 사용한 블렌드
로, 콘셉트에 맞게 맛을 만들어내는 로스트
로. '맛있는 커피를 제공'하겠다는 신념을
담은 원두를 온라인에서도 구매할 수 있다.
비교 세트와 3종 원두 세트 등 오리지널 블
랜드 'Soleil'과 'VIDADEMIO' 등도 구매가
능하다.

| 로스트로―P24

마루야마커피 온라인스토어

www.maruyamacoffee.com/ec/

가루이자와軽井沢를 거점으로 일본 스페셜
티 커피의 한 축을 책임지는 마루야마 커피
는, 수도권에도 팬이 많다. 온라인스토어는
취향의 맛을 찾기 쉽도록 직감적으로 구성
돼 있다는 호평을 받는다. 플로랄, 시트러
스, 베리 등 향미 측면, 혹은 로스팅 정도로
검색가능하다.

| 마루야마커피 가루이자와 본점―122

맛있는 커피를 마실 수 있는
킷사텐

오랜 시간에 걸쳐 지역주민에게 사랑받으며
그 자리를 지키고 있는 킷사텐.
겹겹이 쌓이는 세월만큼 우러나오는
맛과 숙성된 공간을 즐겨보시길.

1. 기품있는 모습의 아이스비엔나 커피(540엔) 2. 입구의 쇼케이스에 화려한 커피잔들이 진열되어 있다. 3. 킷사텐 하면 생각나는 핑크 공중전화. 오래된 다이얼 방식이지만 지금도 현역. 4. 2층 공간은 고전적인 분위기다. 예약제 룸도 마련돼 있다.

쇼와시대 레트로풍 분위기와 함께 즐기는
시나몬 향 가득한 아이스커피

오오모리(大森)

고히테 루앙

こーひーてい ルアン

글—기무라 리에코, 사진—후키즈카 유타

중세 귀족을 그린 모자이크 화풍의 간판과 맛깔스러운 문자. 가장 눈에 띄는 것은 가게 앞에 놓인 대형 커피 그라인더다. 쇼와시대 분위기를 물씬 풍긴다.

쇼와 46년(1971년)에 오픈했다. 아버지 미야자와 마사토富沢正人 씨로부터 가게를 이어받아, 현재 2대째인 다카마사孝昌 씨가 가게를 지키고 있다.

고히테이라는 이름에 걸맞게 커피 메뉴가 풍부하다. 보통 사이폰으로 추출하지만, 아이스커피는 융드립으로 내린다. 콩은 강배전을 중심으로 3종류의 블렌드가 있으며, 진하면서 깔끔한 맛이 특징이다. 이를 베이스로 만드는 베리에이션 메뉴들도 놓치면 아쉬울 듯하다. 그중 하나가 스페셜 아이스커피다. 동으로 만든 잔에 아이스커피를 넣고, 시나몬 파우더를 듬뿍 뿌린 후 생크림을 띄운 한 잔. 카푸치노의 맛을 살리고 싶어서 고안한 메뉴인데 40년 넘게 사랑받고 있다고. 그 외에도 칵테일 잔에 나오는 아이스 비엔나커피를 찾는 팬도 많다. "컵이나

스페셜 아이스커피(540 엔). 오래되어 세월을 느 끼게 하는 청동 고블릿 잔 이 맛깔스러움을 더한다.

유리잔은 물론, 공간을 꾸미기 위해 아버지는 꽤 많은 돈을 들이신 것 같습니다(웃음). 여기에 오시는 모든 분을 기쁘게 해드리기 위해, 오래된 것들도 소중하게 지키면서 이어가고 싶습니다."

가게 분위기는 하루아침에 만들어낼 수 없는 격조와 정취로 가득하다. 그 공간에 몸을 담그고 커피를 즐기는 풍요로운 시간을 음미할 수 있다.

5. 오오모리 긴자 상점가에서 이어지는 골목길 초입에 있다. 원두를 진열한 쇼케이스가 눈길을 끈다. 6. 아이스커피는 융드립으로 추출. 매회 같은 맛을 내는 것을 목표로 한다.

COFFEE HOUSE
ROUEN

2013년부터 가게를 이어받은 아들 미야자와 다카마사 씨.

🖊 shop info

도쿄도 오타구 오오모리 기타1-36-2
Tel: 03-3761-6077
영업시간: 7:00~19:00 (18:30 Last order)
일요일과 경축일은 7:30~18:00 (17:30 Last order)
정기휴일: 목요일. 금연
JR게이힌 도호쿠센 오오모리역에서 도보 3분

One more topic

커피콩을 가득 채워서 만든 테이블

가게는 창업 당시의 풍경을 그대로 유지하고 있다. 장미가 그려진 빨간 융단, 가죽 의자, 석고벽을 비추는 램프 등과 함께, 더없이 소중한 요소가 테이블이다. 유리 아래에 커피콩을 가득 채워서 만든 테이블은 아직도 건재하다. 쇼와시대 킷사텐 분위기를 맛볼 수 있다. 참고로, 콩은 정기적으로 교체한다.

동굴 같은 지하 공간에서
비밀스러운 한때를 만끽해보자

COFFEE HALL 쿠구츠소

コーヒーホール くぐつそう

글 ― 사토 사유리, **사진** ― 모토이에 켄고

1. 카운터에서 바라본 컵과 기구들이 아름답다. 2. 아이스 커피(770엔)는 가게 로고가 새겨진 주석잔에. 융드립한 후 차갑게 식혀서, 진한 단맛이 피어오른다.

등받이 모양이 전부 다른 나무의자들이 사랑 스럽다. 인기 커피집이라 주말은 혼잡하지만, 오전 또는 저녁 시간 이후에는 한산한 편이다.

지하로 내려가면 '빠끔' 하고 입을 여는 동굴이 있다. 등잔불이 은은하게 그림자를 만들어내 면서, 아치형 천장을 살짝 들어 올리는 느낌을 준다. 가장 안쪽에는 빛이 충만하게 넘치는 작 고 귀여운 구석 정원이 있다.

쇼와 54년(1979)에 창업했다. 당시 기치죠지에 연습실이 있던 에도꼭두각시인형극단 '유키자 結城座'의 단원들이 시작했다고 한다.

"건축가의 아이디어로 동굴이 되었는데, 주먹과 맥주병에 천을 감아서 커피와 찻잎으로 색을 입힌 벽을 두들겨서 울퉁불퉁하게 만들었다고 해요." 스태프 스가이 아사미 씨가 말한다. 꼭 두각시 인형에서 풀이 자라는 것 같은 로고마크가 새겨진 재떨이, 마른 가지가 휘감고 있는 듯한 램프 등 구석구석 독특한 세계관이 펼쳐져 있다.

3. 계단 몇 개를 올라간 곳에 있는 자리는 여유롭고 전망도 좋다. 현재는 금연으로 재떨이가 사라졌다. 4. 커피 추출은 15분쯤 걸린다. "블렌드는 여러 잔 함께 내리고, 스트레이트는 한 잔씩 추출하고 있어요." 스가이 씨의 말이다.

5. 구석구석 펼쳐진 독자적인 세계관은 메뉴 안에서도 드러난다. 나무로 만든 메뉴판을 열면, 색바랜 가죽에 활자가 새겨져 있다. 6. 빛이 쏟아져 내리는 안쪽의 구석정원은 동굴 속 오아시스 같은 존재다.

구석정원 근처 자리, 탁상 램프가 켜진 곳은, 흔들흔들 흔들의자가 있어서 커플들에게 인기가 많지만, 벤치 의자에 나란히 앉아 조용히 커피를 즐기는 사람들도 많다고.

커피는 올드빈(에이징커피)으로 유명한 칵테일당의 것. 융을 사용해 10~20인분을 천천히 추출하는 방식은, 창업 당시 멤버가 칵테일당에서 익혀온 것이다. "추출 후 조금 시간을 둠으로써, 둥글고 부드러운 맛을 만들어냅니다. 그것을 아주 살짝만 데워서 제공하지요." 깊은 맛이 우러나는 커피가 이곳에서의 시간을 더욱 농밀하게 해주는 느낌이다.

KUGUTSU SO

약 10종의 스파이스를 볶아서 참마주머니에 넣어 끓인 쿠구츠소 카레 세트는 1,750엔. 양파의 단맛과 매콤함의 향연.

❤ shop info

도쿄도 무사시노시 기치죠지 혼마치
1-7-7 시마다빌딩 지하1층
Tel: 0422-21-8473
영업시간: 10:00~22:00
정기휴일: 없음, 금연
JR 주오센, 케이오이노가시라센 기치죠
지역에서 도보 3분

One more topic

쿠구츠소의 세계관을 연출하는 창틀 모양 벽

4인석, 2인석 테이블 옆 벽에, 사각으로 파인 작은 구멍이 있다. 마치 창문이 있는 듯한 공간에 드라이플라워, 나뭇가지, 유리세공품 등을 올려두고 조명 하나만으로 밝히는 것만으로도 돋보이는 장식이 된다. 벽의 울퉁불퉁한 질감과 어우러진 빛과 그림자의 대비가 참으로 아름다워서, 바라보는 것만으로 사람을 매료시킨다.

반세기가 지나도록 사람들을 매료시켜 온
호사스러운 지하궁전

우에노(上野)

고급 킷사 고죠오

こうきゅうきっさ こじょう

마치 중세의 성에 빨려 들어온 듯한 기분이 든다.

장소는 우에노역을 향해 뻗어 있는 아사쿠사 도오리에서 골목으로 들어간 곳의 빌딩 지하. 가게로 이어지는 계단 옆 벽에 금색 사자가 여러 마리 새겨져 있고, 정면에는 두 장의 커다란 스테인드글라스로 장식물이 있어서, 마음이 한껏 부풀어 오른다.

가게 내부의 꾸밈새는 더욱 눈길을 끈다. 여섯 명이 조립해서 장식한 샹들리에, 기둥과 벽에 새겨진 섬세한 조각, 아르데코 양식으로 장식된 바닥. 그리고 가게 가장 안쪽에서 부드러운 빛을 발산하고 있는 것은 러시아 에르미타주 궁전을 모티프로 한 스테인드글라스. 마치 딴 세상에 와있는 듯하다.

"내부 장식은 아내의 아버지인 선대 주인이 직접 꾸민 것입니다. 유럽을 동경해 미술책 등을 참고해서 디자인했다고 들었습니다." 현재 이곳을 맡고 있는 마쓰이 쇼쿤 씨의 설명이다.

가게를 처음 연 것은 도쿄올림픽이 열리기 일년 전인 쇼와 38년(1963). 간판 메뉴인 믹스 샌드위치는 창업 당시와 똑같은 맛을 유지하고 있다.

1. 블렌드 커피(600엔). 컵은 NIKKO의 롱셀러로 여성은 레드, 남성은 블루를 사용. 2. 건물에 들어서면 중세 기사가 그려진 스테인드글라스가 한눈에 들어온다.

글—기무라 리에코, **사진**—가토 쿠마조

블렌드 커피는 시대에 맞추어 개량을 거듭했으며, 지금은 강배전으로 깊이 있는 맛을 추구하는 한 잔을 제공한다. 취재 후, 느긋하게 커피를 즐기고 있으려니, "우와, 예쁘다." 하는 탄성이 입구에서 들려왔다. 목소리의 주인은 외국인 여성. 킷사텐 투어가 취미라는 그가 "이런 곳은 정말 없어지면 안 돼요."라고 연신 강조했다. 선대가 구축한 세계관이 반세기가 지난 지금 시대와 국경을 넘어 많은 이들에게 사랑받고 있었다.

One more topic

연인들이 속삭이는 특별석

가게 한쪽에 개점 당시 유행했던 로망스 시트가 있다. 신간센 좌석처럼 옆으로 나란히 앉는 2인용 소파로, 연인들끼리 시간을 보내는 '커플석'이다. 지금은 혼자 즐기고 싶은 이들이나 SNS를 보고 찾아오는 젊은 커플들의 뜨거운 지지를 받고 있다.

KOJYO

3. "아내는 개점 당시부터 가게를 돕고 있었으니 자연스러웠는지 모르겠지만, 선대의 뒤를 잇는 것에 저는 불안함을 느끼고 있었습니다."라고 말하는 마쓰이 씨. 4. 아이스티(600엔)도 인기가 많다. 5. 가게 입구의 스테인드글라스, 귀부인이 맞아준다. 6. 지하 1층으로 내려가는 계단 부근 장식들.

개업 당시의 분위기를 고스란히 간직하고 있다. 소파도 개업 때부터 사용해온 것이다.

🖐 shop info

도쿄도 다이토구 히가시우에노 3-39-10 코와빌딩 지하 1층
Tel: 03-3832-5675
영업시간: 9:00~20:00
정기휴일: 일요일과 경축일. 흡연 가능
도쿄메트로 히비야센 긴자센 우에노에서 도보 2분

음료를 마실 때만 주문이 가능한
핫케이크는 인기 만점이다. (추가
단품 가격 410엔).

1

손님들과 함께 만들어낸, 왕년의 명곡 킷사텐
그 시절을 지금 맛보다

명곡 · 커피 신주쿠 란부르

めいきょく·コーヒー しんじゅくらんぶる

글—기지와라 윤리, **사진**—다카하시 아쓰시

1. 호화로운 실내 분위기. 샹들리에가 클래식한 공간을 연출해 준다. **2.** 맛있어 보이는 고하쿠 세트에 저절로 웃음이 흘러나온다. **3.** 적벽돌 외관은 우리를 레트로 세상으로 안내한다.

마음은 이미 공주님이다. 콘서트홀 같은 붉은 의자와 샹들리에. 지하에 펼쳐진 클래식한 세계에 취해가고 있다. 여기는 유럽이 아니라 신주쿠. 신주쿠구에서 인증한 지역 문화재 중 하나이다. "내 가게라는 생각은 하지 않아요. 모두가 이용하는 공공의 공간이라는 의식이 있을 뿐입니다. 손님과 함께 만들어 온 가게죠."라고 말하는 점장 시게미츠 야스히로重光康宏 씨.

예전에는 명곡 킷사텐으로서, 손님들의 희망곡을 받아 클래식한 음악을 틀었지만 지금은 조용한 곡을 BGM으로 흘려보내고 있다. 이렇게 시대에 맞게 작은 변화를 주었지만, 인테리어나 주요 메뉴는 크게 달라진 게 없다. 오래전부터 오가는 단골들을 위해서이다. 피자토스트나 커피젤리 등 쇼와시대의 레트로 메뉴에 눈이 가면서도, '고하쿠 세트'를 주문했다. 두꺼운 토스트, 콜슬로 샐러드, 요거트 그리고 블렌드 커피까지 빈틈없는 구성. 모든 게 정겹다.

블렌드 커피는 4종의 원두와 두 가지 로스팅으로 만들어졌다. 한 모금 마시고 얼굴을 들 때마다 커피의 쓴맛이 남기는 여운과 클래식한 실내 분위기가 찰떡같이 어울린다는 것을 실감한다.

올해로 창업 74주년을 맞이하는 이곳이 앞으로도 변함없이 자리를 지켜주면 좋겠다. 그렇게 기도하지 않을 수 없다.

4. 아이스커피(750엔) **5.** 타임 슬립한 듯한 실내 분위기에 마음이 녹아내린다.

6. 고하쿠 세트(950엔)는 인기 메뉴 중 하나. 조식에 딱 어울린다. 7. 크림소다 (800엔), 선명한 녹색에 하얀 바닐라 아이스, 동심이 둥둥 떠다니는 듯하다.

L'AMBRE

8. 점장 시게미츠 야스히로 씨. 스태프와 일하는 시간이 정말로 즐거워 보였다. 9. 몽블랑 케이크와 치즈 케이크 등, 누구에게나 사랑받는 케이크들이 진열되어 있다.

♥ shop info

도쿄도 신주쿠구 신주쿠 3-31-3
Tel: 03-3352-3361
영업시간: 9:30~23:00 (22:30 last order)
정기휴일: 없음. 흡연가능
JR 신주쿠역에서 도보 5분

One more topic

엄마 같은 존재
다이얼식 전화기

신주쿠 란부르를 줄곧 지키고 있는 것이 바로 이 다이얼식 전화기. 문화유산이자 레트로한 공간인 이곳에 제격이다. 연분홍 몸체가 너무나 귀엽다. 점장 시게미츠 씨 왈, 가게 안에서 이 전화기가 가장 최신기기라고. 게다가 지금도 사용하고 있다니 더욱 놀랍고 소중하게 여겨졌다.

전국에서도 보기 드문 탱고 킷사텐
경쾌한 리듬으로 행복한 시간을

밀롱가 · 누에바

ミロンガ・ヌオーバ

글—가지하라 유리, **사진**—후키즈카 유타

1. 수제 커피주(650엔)와 수제 디플로맷쇼콜라(450엔). 프랑스 빵을 사용한, 초콜릿맛 구운빵 푸딩이다. 2. 싱글판, EP판 등 희귀한 레코드가 많이 있다. 3. 천천히 커피를 내리는 아사미 씨. 4. 세계 각국의 맥주병이 진열되어 있다.

가게에 발을 내딛는 순간, 완성된 레트로
공간을 느끼며 숨을 죽인다.

골목길, 빨간 벽돌, 복고풍의 간판. 마음을 춤추게 하는 요소들을 고루 갖추었다. 출입문을 열면, 경쾌한 아르헨티나 탱고가 들려온다. 모두 LP에서 흘러나오는 소리라고 하니 더욱 놀랍다. 마음이 춤을 추기 시작한다. 그런데도 편안함을 느끼는 것은 엄숙한 듯한 실내 공기와 조화를 이루고 있기 때문일까.

쇼와 28년(1953)에 창업한 탱고 킷사텐 밀롱가. "창업 당시에 탱고붐이 일었어요."라고 점장인 아사미 가요코浅見 加代子 씨가 말한다. "이후 서서히 탱고 킷사텐은 사라졌고, 지금은 밀롱가가 도쿄에 유일하게 남은 곳이지요. 창업 당시부터 매일 출근도장 찍듯 오시는 단골이 많아서, 가게 분위기와 느낌을 가능한 바꾸지 않으려 하고 있어요."

오래전부터 사랑받고 있는 한 잔이 바로 밀롱가 블렌드. 숯불 로스팅이 이 커피의 특징이다.

깊고 진한 맛을 천천히 즐겨보고 싶어졌다. 수제 커피주도 절대로 놓치면 안 된다. 일본 소주에 원두를 담가두었다가 언더락 더블샷으로 맛본다. 그 외에 세계 각국 맥주와 와인도 맛볼 수 있다.

향수 어린 공간은 마음을 편하게 해준다. 집에서 늘 어지듯 시간을 보내게 된다. 이렇게 느끼는 이유가 이 말에 담겨있다. "여기는 제 집 같은 곳이에요." 아사미 씨가 미소지으며 LP판에 다시 바늘을 놓았다.

shop info

도쿄도 치요다구 간다진보초1-3
Tel: 03-3295-1716
영업시간: 11:30~22:30 (21:45 Last order)
토·일·경축일 ~19:00 (18:30 Last order)
정기휴일: 수요일, 금연
도쿄메트로 한쵸몬센, 도에이신주쿠센 진보초역에서 도보 2분

MILONGA NUEVA

황갈색 인테리어와 아르헨티나 탱고 리듬에 나도 모르게 몸이 들썩거린다.

One more topic

추억 돋는 성냥갑

안쪽 방으로 들어가면, 진열장에 오래된 빈 성냥갑들이 진열되어 있다. '그래, 예전에는 성냥개비에 불을 붙여서 담배를 피웠지.' 디자인과 그림이 독특한 것들이 많아 하나하나 살펴보는 재미가 있다. 마치 미니 미술관 같다. 더러 이 성냥갑들을 보며 수집가 기질이 움찔거리는 사람들도 있지 않을까?

5. 골목길 뒤편에 자리한 가게. 우연히 발견한다면 더욱 기쁠 것이다. **6.** 좌석은 붉은색 포인트 컬러. **7.** 숯불 배전 밀롱가 블렌드(650엔). **8.** 미소가 아름다운 아사미 씨. "언젠가 아르헨티나에 가고 싶어요."라며 즐거운 대화를 나눈다.

커피와 공간과 접대,
3박자가 갖춰진 노포의 실력

트리콜로르 본점

トリコロールほんてん

기품 넘치는 가게 전경. 청·백·적 트리콜로르 깃발이 표식.

글—기무라 리에코, 사진—후키즈카 유타

1. 2층 자리. 테이블이 넓어서 노트를 펼쳐도 여유가 있다. 2. 카운터 좌석
이 있는 1층. 3. 계단 옆 벽에는 창업자 시바타 분지 씨의 사진을 비롯해 트
리콜로르 본점의 역사를 알려주는 사진이 장식되어 있다.

장소는 긴자 최대 상업시설 'GINZASIX' 바로 옆. 오래된 적벽돌을 녹색 넝쿨로 장식한 듯한
건물이 바로 트리콜로르 본점이다. 쇼와 11년(1936) 창업. 키커피 창업자인 시바타 분지柴田文次
씨가 맛있는 커피를 널리 알리기 위해 커피집을 열었다.

중후한 회전문을 돌리며 실내에 들어서면, 비일상의 세계가 눈앞에 펼쳐진다. 카운터와 벨벳
으로 감싼 의자와 테이블이 있는 1층은 고즈넉한 분위기로 가득하다. 양탄자가 깔린 계단을
올라 2층으로 가면 높은 천장과 천창, 모던한 조명, 난로가 있어서 마치 유럽 저택을 방문한
듯하다. 테이블과 의자는 여유 있게 배치되어 옆 좌석을 신경 쓰지 않고 이야기할 수 있다.

오랫동안 사랑받는 가게의 자랑, 오리지널 앤틱 블렌드는 브라질과 콜롬비아 등 중남미 커피
를 중심으로 배합해, 산미와 단맛과 쓴맛의 밸런스가 돋보인다. 융드립으로 정성스레 내려준

다. 그리고 또 하나의 명물은 카페오레. 한 손에 우유, 다른 손에 커피가 든 포트를 들고, 좌석으로 와서 높은 위치에서 컵에 부어주면 완성되는데, 이런 퍼포먼스도 쿨하고 멋지다.
맛있는 커피와 품격있는 공간과 고객 접대. 누구를 초대해도 어깨를 펼 수 있는 곳. 그것이 바로 노포의 실력이다.

4. 카페오레를 만들어주는 멋진 퍼포먼스. **5.** 창업 70주년 기념으로 부활한 인기 메뉴 에끌레어(650엔) **6.** 카페오레(1160엔)는 깊이 있고 바디감이 넘치도록, 커피 배전도를 달리한 콩을 블렌딩했다.

🖊 shop info

- - - - - - - - - - - - - - - -

도쿄도 주오구 긴자 5-9-17
Tel: 03-3571-1811
영업시간: 8:00~18:00 (17:30 last order)
2층석은 11:30~
정기휴일: 없음. 금연
도쿄메트로 히비야센, 긴자센, 마루노우치센 긴자역에서 도보 3분

One more topic

앉으면 너무나
편안한 앤틱풍 의자

"지역 특성상, 평일에는 업무로 이용하는 손님이 많아요." 2층에 놓인 소파는 앤틱풍 패브릭이다. 아름답고 세련된 데다 시트 앞면이 완만한 곡선으로 마감돼 있다. "오래 앉아 있어도 다리가 편하도록 곡선을 넣은 것입니다." 노점포의 섬세한 배려가 진면모를 드러낸다.

우아한 분위기로 가득한 2층. 천장이 높아서 개방감이 넘친다. 바닥에는 양탄자가 깔려있어서 힐을 신고 걸어도 소리가 나지 않는다.

1

계승하는 것은 대접하는 마음
기억에 남아 다시 방문하고 싶어지는 명문 커피집

히비야(日比谷)

카페 베니시카

カフェ べにしか

글―기무라 리에코, 사진―가토 쿠마조

1. 유라쿠초(有楽町) 가드 앞에 자리잡은 노포의 등은 저녁 무렵 매력을 발산한다. 2. 흰색을 기조로 한 벽과 조화롭게 배치된 나무 들보가 따뜻함을 더한다. 처음 온 사람도 친숙함을 느끼게 되는 분위기이다.

베니시카가 개점한 것은 쇼와 32년(1957년). 처음에는 경양식당으로 시작했지만, 초대 점주가 커피를 좋아해서 7년 후 2호점을 오픈할 때 킷사텐이 되었다. 지금은 인기 메뉴가 된 피자 토스트를 고안한 시기가 바로 이 무렵. "이전에 단골이었던 손님이 오랜만에 와서 '전혀 변하지 않았네.' 하고 반가워하면 기쁨과 동시에 앞으로도 이곳을 지켜나가지 않으면 안 되겠다는 다짐을 하게 됩니다." 그렇게 말하는 사람은 3대 점주 무라카미 아쓰시村上淳 씨다.

이곳의 매력포인트는 레트로한 분위기만이 아니다. 음료와 요리를 합하면 약 240종류에 달할 만큼 메뉴가 풍부하다. 그들 중 최고 인기 메뉴는 생크림을 듬뿍 올린 '베이크드 파이', 생크림으로 만든 장미에 커피를 부으면, 장미가 빙글빙글 돌아가는 '카페 타카라즈카' 등도 SNS에서 인기가 높다.

모든 메뉴는 손님이 기뻐하고 즐기기를
바라는 마음에서 탄생했다. 간판 음료인
블렌드 커피는 5종의 콩을 사용해 사이
폰으로 추출한다. '산미가 적은 것'이 좋
다는 손님들의 의견을 수렴해 창업 당시
와 달리 좀 더 깔끔한 맛을 만들어냈다.
바꿔야 하는 것과 지킬 것을 명확하게
구별해 고객과 함께 가는 스타일이야말
로 오랫동안 이곳이 사랑받는 비결이 아
닐까.

3. 2대 점주인 아쓰시 씨의 어머니가
안한 원조 피자토스트(1000엔). 피자
일상에서 좀더 간편하게 즐기게 하고
다는 마음으로 개발한 메뉴. 4. 블렌드
피(750엔). 5-6. 커피는 주문 즉시 사
폰으로 정성스럽게 추출한다. 추출이
나면 테이블에서 컵에 직접 따라 준다.

7. 아무렇지 않게 놓인 듯한 앤틱 골동품이 멋지다. 8. 부모님의 뒤를 이어 가게를 지키는 3대 점주 무라카미 아쓰시.

베이크드 파이 스트로베리(1150엔). 생크림과 딸기를 듬뿍 올리고, 딸기 소스까지 두른 화려한 디저트.

🍂 shop info
- - - - - - - - - - - - - - - - - -
도쿄도 치요다구 유라쿠쵸 1-6-8 마쓰이 빌딩1층
Tel: 03-3502-0848
영업시간: 평일 11:00~23:00
토·일·경축일 10:00~
정기휴일: 없음. 흡연가능
도쿄메트로 히비야센. 치요다센 히비야역에서 도보2분

One more topic

향수를 불러일으키는 온기 서린 장식품들

실내에는 레트로 감성을 자아내는 장식품들이 곳곳에 놓여 있다. 그중 눈에 띄는 게 이제는 보기 힘들어진 다이얼식 검정 전화기. 지금도 사용하고 있다니 놀랍다. 또 조개 껍질로 만든 전등갓은 초대 점주이자 아쓰시 씨의 할아버지가 스위스에서 사 온 것이다. 2대 점주인 어머니 세츠코 씨가 그린 그림도 따뜻함을 더해준다.

column

커피타운은 어디에 있나?

커피를 좋아하는 사람이라면 카페나 커피집 투어도 좋아할 것이다. 어느 거리에 가게가 있는지 찾아보면, 어느샌가 '커피타운'이라고 불러도 좋을 만한 지역이 있다는 걸 알게 된다.

예를 들면 창작업에 종사하는 예술인들이 좋아하는 주오센을 따라 들어선 킷사텐들, 노포 킷사가 줄지어 있는 긴자, 책거리로 유명한 진보초 뒷길에 오랫동안 자리를 지키는 노점포 등이 떠오른다.

한편, 이 책의 출발점이 된 잡지 〈커피시간〉에서도 자주 등장한, 신생 카페들도 기억에 선명하다. 서드웨이브 붐으로 블루보틀 커피가 상륙한 기요스미 시라가와는 당초 '왜 거기에?'라고 생각한 사람들도 많았을 테지만, 배전기를 놓을 수 있는 넓은 창고가 많은 데다 도쿄현대미술관 등도 있어서 서드웨이브계 카페들이 줄지어 진출하면서 커피타운이 되었다.

그런가 하면 유행에 민감한 사람들이 많이 모여들고 식문화의 정보 감도가 높아진 마을 산겐자야三軒茶屋, 쇼인진자마에松陰神社前 역시 최근 10년간 카페가 급증한 곳이다. 또 하나 들 수 있는 곳이 구라마에蔵前. 2019년경에 카페와 커피스탠드가 들어서기 시작했는데, 아마도 아사쿠사에서 도쿄스카이트리까지 걸어갈 수 있는 관광 수요가 증가한 덕이 아닐까.

코로나 팬데믹은 누구에게나 힘든 경험이었겠지만, 카페와 킷사텐 종사자들 역시 등불을 꺼뜨리지 않기 위해 필사의 노력을 한 시기였다. 팬데믹의 출구에 서서, 한 손에 커피를 들고 카페거리를 줄지어 걸어가는 사람들의 모습을 편안하게 바라보는 기쁨이 각별하다.

Part

3

맛있는 라테를
마실 수 있는 카페

알싸하고 쌉싸름한 에스프레소와
보송보송한 우유의 마리아주.
예술가의 기술이라고 불러야 할
라테아트를 맛보자.

개인 매장이기에 더욱 자유롭게
커피의 다양성을 표현하는 곳

오오쿠보(大久保)

Alternative Coffee Works

オルタナティブ コーヒーワークス

오너이자 바리스타인 이즈미야 겐토泉谷謙人 씨는 대형 커피 프랜차이즈에서 14년간 근무한 경력을 갖고 있다. 점장과 바리스타 트레이너를 역임했고, 새 점포 오픈에도 참여한 그가 포부를 갖고 2019년 8월에 이곳을 오픈했다. "독립한 이유는 로스팅을 직접 하고 싶어서. 로스팅부터 추출까지 내 손으로 완결시키고 싶다는 마음이 컸어요. 로스팅 경험이 없었기 때문에, 가나자와 SUNNY BELL COFFEE의 다카마쓰 마사시 씨에게 수업을 받았습니다."

에스프레소에 사용하는 콩은 브라질, 콜롬비아, 에티오피아를 조합한 블렌드로 중배전 로스팅을 한다. 에스프레소를 담는 컵을 기울여서, 거품 올린 우유를 부어주니 멋진 백조가 등장했다. '바리스타 3X3 카페 대항 라테아트 일본 최고결정전' 등에 수차례 출전하는 등 라테아트에 진심이다. 참고로 커피는 필터도 있고, 싱글오리진은 5종을 갖고 있다.

1. 카페라테(600엔)와 오레오머핀(400엔), 토핑한 오레오가 시선을 끈다. 생지에도 빵 아서 넣은 오레오가 들어있어서, 쿠키의 쌉쌀함이 라테와 찰떡 매칭이다. 2. 신주쿠 요도바시 시장 근처, 하얀 벽에 크게 쓰인 'COFFEE'라는 문자가 이 가게의 표식. 3. 정갈한 실내 분위기. 높은 천장으로 개방감이 넘친다. 소파와 테이블은 여유 있게 배치했다.

글—사토 사유리, **사진**—다카하시 아쓰시

4. 구운 과자는 부인의 작품. 식감이 신선한 스콘도 인기다. 5. 드립커피도 있고, 싱글오리진은 650엔부터. 6. 라테아트를 하는 이즈미야 씨. "바리스타는 카페의 얼굴"이라고 말하는 그의 동작 하나하나에는 낭비가 없다. 7. 단짝 로스터는 후지로얄 로스터.

실은 이 싱글오리진으로 에스프레소를 내려주기도 한다. "고객의 요구에 맞추어 임기응변으로 대응하는 자유로움은 자영업이라 가능하죠. 여러 가지 도전을 하면서 커피의 다양성을 전파하고 싶어요."

이즈미야 씨의 아내가 만드는 수제 오레오머핀도 추천한다. 오레오의 은은한 쌉싸름함이 라떼와 정말 잘 어울린다.

One more topic

가게의 간판모델이자
인스타 핫피플인 귀여운 따님

SNS 전성시대, 맘에 드는 가게의 인스타는 팔로잉이 필수! Alternative Coffee Works의 인스타는 일품이다. 예술적인 라테아트는 물론, 가게의 간판모델 따님이 간간이 출연하는데, 나도 모르게 '좋아요'를 누르게 된다.
Instagram: @alternative_coffee_works

🌢 shop info
- - - - - - - - - - - - - - - - - - -
도쿄도 신주쿠구 기타신주쿠 4-3-1
Tel: 050-5362-0972
영업시간: 10:00~18:00
정기휴일: 수요일, 금연
JR 주오센 오오쿠보역에서 도보8분

Alternative Coffee Works

오래된 민가였기 때문에 리모
델링을 할 때 굵은 보를 잘 살
려 인테리어를 완성했다.

점주 오쿠다이라 다케히로 씨의 라테아
트. 아름다움과 맛깔스러움에 매료된 팬
이 많다.

아름다움에 매료되는,
살살 녹는 맛과 향

갓파바시(合羽橋)

UP TO YOU COFFEE

アップトゥユー コーヒー

글 ―사토 사유리 **사진** ―다카하시 아쓰시

가게 안 8명이면 만석. 꽃다발을 드라이
플라워로 만들어 벽을 장식해서 편안함
을 더해준다.

여러 국내대회에서 우승을 거듭하고, 2018년에는 '커피페스트 라테아트 세계선수권'에서 3위
를 차지한 오쿠다이라 다케히로奧平雄人 씨. 멜버른에서 커피를 배우고, 지바현 미나미나가레
야마千葉縣南流山에서 'CAFERISTA'를 운영하면서 2019년에는 외국인도 많이 오는 아사쿠사에
작은 카페를 오픈했다. 카운터에 놓인 에스프레소 머신은 이탈리아제 카페레사.
"바이크 미터기같이 생겼죠? 0.1도, 0.1초 단위로 프로그래밍 된답니다."
머신으로 추출방법을 통일할 수 있다고는 하지만 '기온이나 콩 상태에 따라 매일, 한잔 한잔
맛이 변하는 것'이라 숙성 상태나 기온, 습도를 파악해 분쇄도, 물 온도, 뜸 들이는 시간, 원
두 분량, 압력 등을 세밀하게 조정한다. 마치 연구자처럼 말이다.
콩은 오사카에서 구입하는 강배전 콜롬비아+브라질에, 중배전 브라질을 배합해 오리지널 블

1. 에스프레소 머신의 포터홀더를 현관 손잡이로 썼다. 2. 까눌레는 350엔~, 일곱 가지를 갖추고 있다. 화이트초코와 말차 등을 눈처럼 쌓은 모양이 귀엽다. 테이크아웃 가능.

One more topic

보기만 해도 귀여운 판나코타도 꼭 드셔보시길!

더할 나위 없이 유명한 라테를 주목하는 건 당연하지만, 제철 과일을 활용한 디저트와 제철 식재 페스트를 이용한 판나코타도 함께 추천한다. 사진은 포도와 머스캣 판나코타. "너무 달지 않게, 귀여운 용기와 리본 장식은 보는 즐거움을 위해 만든 거예요."라고 설명하는 오쿠다이라 씨.

3. 아사쿠사, 이리야, 이나리마치, 어느 역에서든 올 수 있다. '스카이트리에 압도돼 가게를 지나치는 것이 단점'이다. 4. 카페라테(550엔)를 정성스럽게 내려주는 오쿠다이라 씨. 5. 아메리카노(550엔)는 화사하면서 프루티한 향이 매력적이다. 6. 심플한 디자인의 카페레사지만, 앞면에 최첨단 계기판이 두 개 장착되어서 세세한 프로그램 설정이 가능하다.

렌드로 사용하며, 종종 푸루티함과 단맛이 있는 약중배전을 스트레이트로 쓴다.

카페라테를 블렌드로 주문하면 에스프레소를 넣은 컵에 아름다운 라떼아트를 올려준다. 입술을 갖다 대고 한입 넣으면 에스프레소의 쌉싸름한 향이 비강을 통과하면서, 곱디고운 우유 거품의 질감이 어깨의 긴장을 풀어준다. 겉바속촉 느낌으로, 품위 있는 고소함이 배어나는 까눌레 등 디저트를 옆에 두고 천천히 음미하고 싶다.

UP TO YOU
COFFEE

🍃 **shop info**

도쿄도 다이토구 마츠가다니 2-31-11
Tel: 03-6339-9780
영업시간: 10:00~18:00
정기휴일: 부정기적. 금연
츠쿠바엑스프레스 아사쿠사역에서 도보 7분

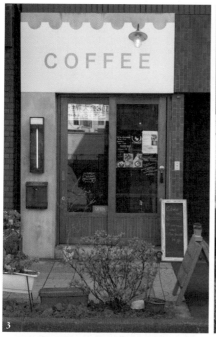

맛과 멋을 다 잡고 싶은
열정이 넘치는 주옥 같은 라테

사쿠라신마치(桜新町)

815 coffee stand

ハチイチゴ コーヒースタンド

글—기무라 리에코, 사진—가토 구마조

라테아트를 찾는 손님을 위해, 매일매일 연습을 한다.

창고를 리모델링한 가게는 널찍하다. Wi-fi를
완비한 공간으로, 업무로 이용하기에도 편하다.

세타가야의 한산한 주택가 어느 길모퉁이, 창고를 리모델링한 '815 coffee stand'는 천장이
높고 개방감이 넘친다. 스탠드라는 이름이 붙어있지만, 카운터나 테이블석은 여유롭게 배치
되어 있다. 음료는 에스프레소 메뉴가 중심이다. 카페라테 외에 콩가루, 말차 등을 이용한 메
뉴도 있다. 원두는 브라질과 콜롬비아, 인도네시아를 배합한 블렌드.

"에스프레소는 비터초콜릿 같은 느낌에다 단맛을 주고 싶어서 브라질과 콜롬비아를 사용하
며, 인도네시아의 바디감을 적절히 배합했습니다. 저희가 제공하는 라테는 우유가 많이 들어
가므로 우유에 밀리지 않도록 강배전을 했습니다." 로스팅 담당 아이바 타쿠야 씨의 설명이
다. 2019년 '프리포어 라테아트 그랑프리 오사카대회'에서 5위 입상한 실력자이기도 하다.
라테아트는 손님의 요청대로 만들어낸다. 컵은 12oz(약 350ml)로 비교적 큰 사이즈. 바쁜 일상

One more topic

직접 만드는 과자류는
선물용으로도 그만!

815 coffee stand에서는 구운과 자를 직접 만든다. 사진의 별과자 를 비롯해 초콜릿쿠키, 오트밀 건 포도쿠키, 화이트초코 마카다미아 너트, 그레놀라와 초콜릿브라우니 도 있다. 테이크아웃해서 한 번 더 이곳의 맛을 즐길 것을 권한다.

815 coffee
stand

❧ shop info
- - - - - - - - - - - - - - - - - -
도쿄도 세타가야구 츠루마키 4-11-7
Tel: 03-5799-4454
영업시간: 10:00~18:00(17:30 last order)
토·일·경축일은 9:00~19:00(18:30 last order)
정기휴일: 수요일·금연
도큐텐엔도시센 사쿠라신마치역에서 도보 7분

에서 조금이라도 편안하고 여유 있게 쉬어가는 시 간이 되기를 바라는 마음이 담겨있다.

"라테도 구운과자도 맛과 비주얼에 신경 쓰고 있어 요. 눈이 즐거우면 기분이 좋아지잖아요. 손님들이 즐거워지기를 바랍니다." 매니저 기무라 아사미 씨 가 말한다. 기쁘게 해주고 싶다, 즐겁게 해주고 싶 다는 마음이 넘치는 카페는, 들르는 사람들에게 분 명 행복한 기운을 북돋워 주고 있었다.

1. 수제 블루베리 치즈스콘도 인기가 높다. 2. 생 두 상태를 확인한 뒤 가게 안쪽에서 주 1회 로스 팅을 한다. 3. 말차쇼트라떼(630엔). 세 겹의 가 련한 하트모양이 옅은 녹색 유리잔에 흔들리듯 피어 있다.

coffee

★

815

A special woman taught me the joy of drinking
She had a beautiful smile.
I made this coffee stand so
I could see that smile again.

4. 한산한 주택가에 돌연 나타나는 스타일리시한 외관이 인상적이다. 5. 마무리로 콩가루를 뿌려주는 콩가루라테(630엔) 6. 커피를 향한 열정을 숨기고 있는 듯한 포즈의 아이바 타쿠야 씨 "라떼아트는 사람을 감동시킬 수 있는 게 매력이에요." 라고 말한다.

1

달달하고 쌉싸름한
초콜릿 같은 카페라테를

쇼인진자마에(松陰神社前)

BY & BY coffee and bar

バイアンドバイ コーヒー アンド バー

"여기 너무 세련됐어요." 취재를 시작한 내가 뱉은 첫 말이다. 어딘지 심플하고 섬세하면서도 따뜻함이 깃든 공간이었다. 그도 그럴 것이, 점주인 에가와 미라이江川未来 씨는 의류전문학 교를 졸업하고, 스타일리스트 어시스턴트로 있었었다. 센스가 넘치는 것은 당연한 일이었다. 스트리머 커피 컴퍼니에서 일하다 2018년 친구와 함께 이 가게를 열었다. 전공을 크게 벗어 난 듯하지만, 어릴 때부터 쿠키 만들기를 좋아해 '언젠가 내 가게를 갖고 싶다'는 꿈을 품어왔 다고 한다. 메뉴는 라테가 많다. 카페라떼나 캐러멜라떼처럼 일반적인 것들도 있지만, 민트 모카처럼 흔치 않은 메뉴도 있다. 에가와 씨가 라테를 좋아해서 여러 종류를 갖추고 있다고. 원두는 시모기타자와 'Bear pond espresso'의 강배전 블렌드를 사용한다. "카페라테에 가장

1. 카운터에서 일하는 에가와 씨. 가게는 저녁에 변신하기 때문에, 뒤편 벽에는 술병들이 진열되어 있다. 2. 카페라테(500엔)와 인기 많은 검은깨바나나 토스트(650엔), 비비드한 컬러의 작고 광택 있는 접시가 한층 더 맛있어 보이게 한다. 사진을 찍고 싶어지는 비주얼로 젊은이들에게 호평을 얻고 있다.

2

3. 차분하고 세련된 공간. 4. 민트모카(560 엔)는 민트초코가 들어간 카페라테. 핫·아이스 둘 다 가능하다. 아이스를 주문하면 선명한 민트블루 자태를 볼 수 있다.

4

One more topic

시모타카이도에 오픈한 자매 점포 HEIM도 추천

2022년 5월, 시모타카이도역 인근에 오픈한 HEIM(하임). 블루&그레이를 기조로 한 세련된 분위기의 카페에서, 같은 메뉴 커피와 디저트, 토스트를 즐길 수 있다. 저녁에는 바bar로 변신해 영업한다. 도쿄도 세타가야구 마쓰하라 3-30-11
9:00~18:00 수요일 정기휴일

잘 어울리는 콩을 선택했어요. 우유를 섞으면 커피의 단맛이 더 살아나는 것 같아요." 정말 그렇다. 카페라테는 초콜릿 같은 단맛을 은은하게 품고 있었다. 농후하고 깊이감 있는 강배전이기 때문에 그럴 것이다.

취재가 끝난 후, 에가와 씨는 이렇게 말했다. "이곳이 커피를 마시기만 하는 곳이 아니라, 모두에게 돌아가고 싶은 곳, 또는 기대고 싶은 장소가 되면 정말 좋겠어요."

◉ shop info

도쿄도 세타가야구 와카바야시 4-26-9
Tel: 090-7425-2611
영업시간: 9:00~18:00
정기휴일: 부정기적. 금연
도큐세타가야센 마츠에진자마에역에서 도보 2분

5. 3종의 커피가 들어있는 드립백 커피 세트. 6. 반려동물도 출입 가능하기 때문에 산책 중 들러서 커피를 마시는 사람도 많다. 가게 내에서 사료도 무료 제공한다. 주인장의 특별한 배려이다.

5

6

BY & BY coffee and bar

손님들과 즐겁게 이야기하는 이시와
타루 씨. 보이는 외모와는 달리 실제
로는 친근한 언니 느낌이다. 트레이드
마크인 야구모자는 매일 다른 것을 쓴
다고 한다. 참고로 카페 로고에도 모
자 마크가 붙어 있다.

글 —가지하라 유리 **사진** —다카하시 아쓰시

전문적이면서도 마시기 편안한
최고의 한잔을 직접 구운과자와 함께

STAN COFFEE AND BAKE

スタン コーヒー アンド ベイク

저 유명한 오니버스 커피와 폴바셋에서 바리스타로 일했던 이시와타루 야石渡やえ 씨는, 2020년 8월 세타 주택가에 염원하던 '나의 가게'를 오픈했다. 입구에서부터 눈에 들어오는 것은 유리처럼 빛나는 머신 '라마르조코'. 벽에는 정수기가 붙어 있다. 멋진 기계로도 알 수 있듯 에스프레소와 라테에 진심이다.

인기 메뉴는 과테말라와 에티오피아 블렌드. 오니버스 커피의 콩을 블렌딩하여 이곳에서만 마실 수 있는 맛을 만들었다. 블렌딩한 원두로 만든 카페라테를 강추한다. 조금씩 음미하면서 마시고 싶었지만, 꿀꺽꿀꺽 마시는 바람에 금세 바닥이 드러났다. 그 정도로 마시기 편하고 쓴맛도 거의 없었다. 중배전에 가까운 약배전으로, 커피에 잘 어울리는 홋카이도산 우유를 사용한 것이 맛있음의 비결이라고.

절대로 잊으면 안 되는 것, 바로 이시와타루 씨가 만든 쿠키다. 단골이 많은 당근케이크를 라테와 함께 꼭 드시라. 케이크 위에 올려진 크림치즈가 라테의 부드러움과 정말 잘 어울린다. 또 시나몬의 스파이시함이 커피의 아로마를 끌어올리는 역할을 한다.

1. 에스프레소 추출을 위해 탬핑 중. 2. 차분한 실내장식은 이시와타루 씨의 감각이다. 3. 오니버스 커피의 원두를 사용한 과테말라와 에티오피아 블렌드. 카페라테에도 사용하며, 중배전에 가까운 약배전이라 부담 없이 마실 수 있다.

당근케이크(450엔)와 카페라테(500엔).

"좋아하는 것을 하고 싶어서 가게를 오픈했어요. 디저트류
도 제가 좋아하는 것들만 골라서 만들어요." 이시와타루 씨
가 생기 넘치는 얼굴로 그렇게 말했다.

🌢 shop info

도쿄도 세타가야구 세타 4-22-16 하이라이프
세타 101
Tel: 없음
영업시간: 8:00~17:00
정기휴일: 화요일, 금연
도큐덴엔도시센 요가역에서 도보 10분

4. 스콘(300엔)은 테이크아웃 상품으로도
인기 만점. 보들보들한 식감이 그만이다. **5.**
신중하게 카페라테를 만드는 이시와타루
씨. 라테아트는 사진 작품으로 남기고 싶을
정도로 아름답다.

STAN COFFEE AND
BAKE

6. 블렌드와 싱글오리진 원두(900엔)도 판매한다. 7. 추운 날에는 스토 브로 따뜻하게. 8. 커피를 손에 들고 의자에 걸터앉아 잠시 휴식.

One more topic

막간에도 편안하게 쉬어갈 수 있는 공간

사용하는 색을 더 늘리고 싶지 않다고 설명하는 이시와타루 씨. 가게 안 식물 의 녹색계통으로 차분한 공간을 연출한 다. 입구 쪽 창 전체가 열리면 개방감이 넘치고, 가게로 들어서는 문턱도 없다. 안쪽의 의자와 바깥쪽 벤치 높이를 똑같 이 맞춤으로써 편안함을 더했다. 여기에 앉아서 마시는 커피는, 아름다운 휴식 그 자체다.

카운터석의 큰 조명이 인상적이다. 커피를 맛보면서 쉬어갈 수 있는 편안한 공간이다.

끝없이 이어지는 유니크한 라테아트 도감

레인보우 라테

컬러풀한 레인보우 라테는 도쿄 핫쵸보리의 'ROAR COFFEE HOUSE & ROASTERY' 작품. 베이스를 커피로 할지, 우유로 할지 선택할 수도 있다.

도쿄도 주오구 핫쵸보리 2-19-11 1층
http://roar-coffee.com/

엣징 라테

바늘 같은 도구로 그리는 '엣징'에 의한 라테는 자유자재로 그림을 그리기 때문에 작품도 사랑스럽고 귀엽다. 사진은 300종류 이상의 레퍼토리를 가진 'acona coffee'의 '커피쿠로네 코샤(P130)와 컬래버한 이벤트 작품.

https://acona-coffee.com/
Instagram:@aconacoffee

차콜 라테

독특한 애쉬 컬러는 차콜(숯)이 들어가 있기 때문. 도쿄 스카이트리 근처 'LATTEST MIZUMACHI'의 오리지널 라테.

도쿄도 스미다구 무코지마 1-23-15 도쿄미즈마치 이스트존 E7
https://lattest.jp/shoplist/mizumachi/

Part

4

맛있는 커피와 맛깔난
한 접시가 있는 집

커피와 함께하는 한입 음식은 매우 소중하다.
함께할 디저트나 한 접시 음식이
매력적인 카페 혹은 커피집을 모아보았다.

골목길 후미진 곳에 자리한 카페 카사. 유럽의 거리에 온 듯한 분위기가 매력적이다.

핫케이크 등 요리들도 인기 있는
개성이 빛나는 골목의 노포 카페

가이엔마에(外苑前)

카페 카사Cafe Casa

カフェ かさ

사진·글—다카하시 아쓰시

1. CASA란 스페인어로 집을 말한다. 2. 음식도 충실하다. 라자냐 등에 곁들여 나오는 바게트가 카운터 위에 놓여 있다. 3. 간판 견 '마메(콩)'가 나와 반긴다. 4. 인기 있는 핫케이크(780엔)와 카사 블렌드커피(670엔).

가이엔마에 골목길 한편에 눈에 띄게, 화사한 유럽의 거리에서 뚝 떼어 가져다 놓은 듯한 카페가 있다. 바로 카사이다. 1984년에 개업해 현재 2대째인 이와네 아이愛根愛 씨와 남편 존이 운영하고 있다. 유럽의 시골집을 연상시키는 실내장식은 갈색 기조로, 나무 테이블과 한 장 나무판으로 만들어진 카운터석으로 구성되어 매우 차분한 분위기이다.

커피는 창업 당시부터 칵테일당의 에이징 커피를 사용한다. 이를 10잔씩 내릴 수 있는 융에 정성스럽게 내린다. 오리지널 카사 블렌드는 에스프레소 같은 바디감이 있으며, '블랙으로 마시는 사람들에게 인기'라고 한다.

쓴맛과 에이징 특유의 깊은 향미는 음식이나 디저트와도 궁합이 좋다. 그래서인지 명물이 하나 더 있다. 바로 핫케이크. 틀을 벗어나서 넘치듯 구워진 테두리까지 모두 접시에 담겨 나왔다. 둥글게 하려고 틀을 사용하는데, 어느 날 손님이 '비어져 나온 귀퉁이도 다 줘요.' 하는 말

5. 개점 당시부터 '칵테일당'의 에이징 커피를 사용. 독특한 향미는 핫케이크나 음식과 궁합이 찰떡. 6. 벽 한 면에 걸린 장식 접시들도 독특한 분위기를 살린다. 7. 가게 안쪽에는 조용하게 시간을 보낼 수 있는 방 같은 공간도 마련되어 있다.

🍲 shop info

도쿄도 시부야구 진구마에 3-41-1
Tel: 03-3478-4281
영업시간: 11:30~20:30(20:00 last order)
토·일·경축일은 ~18:00(17:30 last order)
정기휴일: 월요일·금연
도쿄메트로 긴자센 가이엔마에역에서 도보7분

에 착안해, 가정적인 느낌으로 편안하게 제공하는 스타일로 정착했다고.

다른 곳에는 없는 라자냐 등 메뉴를 개발해 늘려가고 있는 이와네 씨. 그리고 간판 일러스트와 실내 인테리어, 바닥 교체 등을 직접 하는 존. 이 두 사람의 힘으로 카사는 따뜻하면서 개성 넘치는 공간으로 변함없이 사랑받고 있다.

8

9

10

11

8. 남유럽 시골 이미지를 살린 실내장식. 마쓰키 신페이(松樹新平) 씨의 원래 디자인을 살려 조명이나 존의 그림을 장식하는 등, 주인의 개성을 더해 현재에 이르고 있다. **9.** 바깥쪽 벽을 활용한 2인석. **10-11.** 한 번에 10잔 분량을 융으로 정성스럽게 내린다.

One more topic

존이 만든 수제 엽서

남편 존이 만든 간판이나 실내장식과 함께, 직접 만든 카드엽서도 꼭 살펴보길. 계절감 있는 테마 중에서도, 간판 견인 '마메(콩)'가 그려진 사랑스러운 일러스트에 대한 평이 좋다. 손님들에게 무료로 배포하는데 올 때마다 받아가는 단골도 많다.

CAFE

CASA

토르스torse

トルス

오래된 나무 상판을 올린 테이블에, 외국에서 시간을 새기고 온 앤틱 스쿨체어. 커다란 창으로 들어오는 햇살이 공간 구석구석을 부드럽게 감싸주는 듯하다. "오래된 것에 자꾸 끌려요."라며 웃는 주인 야마구치 아유미山口あゆみ 씨. 오후의 나른한 시간이 여유롭게 흐른다.

오픈은 2008년. 학예대학 역 인근에 있었는데, 나무로 지어진 오래된 건물을 재건축하게 되는 바람에 2014년 이곳으로 이전했다.

수프, 샐러드, 음료가 함께 나오는 런치세트는 세 종류다. 메인요리는 파스타, 오므라이스, 카레라이스가 매일 바뀌어 제공된다.

오므라이스의 경우, 오픈 때부터 인기가 많았던 케첩소스 오므라이스 혹은 참치 화풍 오므라이스 중 하나를 선택할 수 있다. 남편이 학창시절 아르바이트하던 오므라이스 전문점에서 배

1. 점주 야마구치 아유미 씨. 출신지인 아이이치현에서 카페를 경영했으며, 결혼하면서 도쿄로 이사 와 이곳을 오픈했다. 2-3. 테이블, 의자, 조명, 책장 등 실내에 오래된 목재와 앤틱 장식품을 곳곳에 배치했다. 세월감이 깃든 나무 상판은 이전 가게에서 사용하던 것을 그대로 가져와 설치했다고 한다.

글—혼마 쿄코. 사진—나가시마 다카시

케첩소스 오므라이스(980엔)는
계란 두 개에 생크림을 더해. 보송
하게 만들었다. 케첩소스를 데미
그라스 소스로 바꾸거나 치즈를
추가할 수도 있다(각 100엔).

🍴 shop info

도쿄도 세타가야구 시모바 5-35-5 2층
Tel: 03-6453-2418
영업시간: 12:00~21:00 (20:00 last
order/ 런치 ~15:00)
정기휴일: 무휴. 금연
도큐토요코센 유텐지 역에서 도보 8분

운 레시피를 베이스로 하여, 밥과 계란이 고슬고
슬하게 되도록 신경을 쓴다.

커피는 '납품받는 곳에서는 제일 맛있게 내린다
는 말을 듣는다'면서, 한 잔씩 융드립으로 추출하
는 게 비결이라고. 쓴맛과 바디감의 밸런스가 좋
은 블렌드 외에도 만델린과 브라질 산토스 등 4
종의 스트레이트 커피를 갖추고 있다.

torse

4. 외국제 스쿨체어가 놓여 있는 풍경. 카운터석은 혼자 오는 손님이 편하게 이용할 수 있다. 5. 선도를 중시하는 원두. 6. 어디를 둘러봐도 세련미가 흐른다. 7-8. 가게에서 사용하는 컵과 접시, 도구들은 소박하고 심플하다.

One more topic

코레도 무로마치 테라스의 'guang (구앙)'에도 찾아가 보시길

torse와 연계된 카페가 몇 개 있는데, 같은 지역의 'lueur(류르)' 외에 니혼바시 코레도 무로마치 테라스 2층에 'guang'이 있다. 2021년 12월에 오픈한 이곳은 세련된 분위기 속에서도 특유의 소박함이 있으며, 타르트와 런치 오므라이스가 특히 인기다.
도쿄도 주오구 니혼바시 무로마치 3-2-1 코레도 무로마치 테라스 2층
11:00~20:00 (19:00 last order) 무휴

오늘의 커피 '넬슨 라미레즈'(410엔)와 '노르웨이산 양젖 치즈, 사워크림, 수제 잼'을 곁들인 노르웨이장와플(670엔). 플레인 와플은 460엔.

글—세키 미도리, **사진**—후키즈카 유타

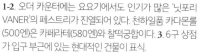

1-2. 오더 카운터에는 요요기에서도 인기가 많은 '닛포리 VANER'의 페스트리가 진열되어 있다. 천하일품 카다몬롤 (500엔)은 카페라테(580엔)와 찰떡궁합이다. **3.** 6구 상점 가 입구 부근에 있는 현대적인 건물이 표식.

본고장 노르웨이 사람들도 반하는
북유럽 와플로 아침 식사를

후글렌 아사쿠사 FUGLEN ASAKUSA

フグレン アサクサ

"와플은 노르웨이에서 가장 인기 있는 가벼운 식사로, 축제나 포장마차 등에서도 자주 볼 수 있는 음식이에요." 매니저 다카하시 게이야高橋圭也 씨가 설명한다.

도쿄 아사쿠사, 센소지 동쪽 6구로 불리는 지역의 스타일시리한 건물 1~2층에 카페 후글랜 FUGLEN이 있다. 오슬로 출신 사장이 도쿄에서 두 번째로 오픈한 곳이다. 오래된 동네의 정취 가 넘치는 거리를 지나 골목으로 들어서면, 북유럽 빈티지 가구로 장식한 아름다운 공간이 펼쳐진다. 커피 향 따라 이 공간의 마력에 빨려들 듯 단골손님과 관광객들이 끊임없이 들어 오고 있었다.

여기에 또 하나 매력을 더하는 것이 바로 1호점에는 없는 노르웨이장와플이다. 벨기에 와플 의 겉바속촉 생지와 비교하면 노르웨이의 그것은 얇고 쫀득한 것이 특징이다. 그 식감과 맛

♥ shop info
- - - - - - - - - - - - - - - - - - -
도쿄도 다이토구 아사쿠사 2-6-15
Tel: 03-5811-1756
영업시간: 9:00~22:00 (토·일·경축일은
8:00~)
정기휴일: 부정기. 흡연가능
츠쿠바엑스프레스 아사쿠사역에서 도보 2
분, 도쿄메트로 긴자센 아사쿠사역에서 도보
10분

4. 노르웨이제 빈티지 가구는 오슬로와 요요기점에서 동일하게 구매 가능하다. 5. 널찍한 1층 공간. 나선형 계단을 올라가면 조용한 2층이 나타난다.

One more topic

스태프의 기억에 남는 '유명한 그곳'의 카페 메뉴

다카하시 씨의 기억에 선명한 카페 음식이 있다. 노르웨이 오슬로를 방문했을 때 갔던 'JAVA Esprssobar&Kaffeforretning'의 브라운치즈를 올린 호밀빵 오픈 샌드위치. 실은 세계바리스타챔피언 초대 우승자인 로버트 트레센 씨가 오너인 카페로 "블랙커피와의 마리아주가 최고였어요."라고 회상한다.

을 살리기 위해 여러 종류의 밀가루를 블렌딩하고 있다. 심플하게 플레인으로 맛보는 것도 좋지만, 소금을 섞은 식사 대용 와플을 강추한다. 노르웨이의 국민식이라고 불러도 좋은 브라운치즈는 산양 우유의 농후함. 와플 생지의 은은한 단맛과 절묘하게 어울린다. 큰 접시에 가득 담기는 양도 먹는 사람을 흐뭇하게 만든다.

6. 다마가와(多摩川) 인근 로스터리에서 로스팅한 콩과 기구도 구입할 수 있다. 7. 차분한 1층 안쪽 공간.

아보카도페스트, 수제 토마토페스트, 믹스 샐러
드, 산양치즈, 수란(+180엔)이 올라간 노르웨이
장와플(970엔).

FUGLEN ASAKUSA

세계 각국 커피와 김토스트
주인의 미소에 누구든 팬이 되어 버리는 곳

간다(神田)

커피전문점 에이스

コーヒーせんもんてん エース

따뜻한 미소로 맞아주는 킷사텐이 간다에 있다. '커피전문점 에이스'. 쇼와 46년(1971)에 가게를 오픈해 창업 50여 년이 된 노포다. "매일 무아지경으로 일해요. 좋아하지 않으면 여기까지 지속할 수 없었겠지요." 이곳의 주인 시미즈 히데카츠淸水英勝 씨가 말한다. 동생 테츠오敵夫 씨와 함께 형제가 운영하고 있다. 반세기에 걸친 시간을 그렇게 소중하게 가꿔온 가게다.

블렌드는 5종이 있으며, 베리에이션 커피도 무려 20종에 달한다. 익숙한 남미산 커피는 물론 아일랜드와 벨기에 같은 나라에서 마시는 베리에이션 커피까지 갖추었을 정도. 커피전문점이라는 이름에 걸맞은 구성이다.

커피와 함께 주문하면 좋은 음식이 있다. 개업 당시부터 판매해온 '김토스트'. 식빵에 간장과 버터와 김을 발라서 구운 것이다. 아마도 처음 들어보는 메뉴 아닐까? 조심스레 한입 베어 문다. 100점 만점의 조합이다. 김 향기와 버터와 간장의 짭짜름하고 크리미한 향미, 이와 함께

1. 책을 읽으며 시간을 보내는 사람도 많다. 2. 카페 브라지레뇨(610엔)는 카페오레 안에 초콜릿과 소금이 들어간 커피다. 적당히 달면서 코코넛 같은 풍미가 있다.
3. 두껍게 썬 토스트에 휘핑크림과 초콜릿 소스를 뿌린 크림 토스트(320엔).

글 — 가지하라 윤리, 사진 — 후키즈카 유타

4. 김토스트(220엔)와 블렌드 커피 (440엔)는 천상의 조합이다. 5. 홍백 색 어닝이 레트로하면서 귀엽다.

カウンター너머로 시미즈 씨 형제와 이야기하는 시간이 즐겁다. "커피콩이 들어있는 그릇은 원래 금붕어 어항이었어요."라고 유쾌하게 알려주었다.

❥ shop info

도쿄도 치요다구 우치간다 3-10-6
Tel: 03-3256-3941
영업시간: 7:00~18:00 (토요~14:00)
정기휴일: 일요일 경축일 금연
JR각선, 도쿄메트로 긴자센 간다역에서 도보 3분

목 안으로 흘러보내는 커피의 깊은 조합은 몇 번이라도 먹고 싶어지는 궁합이다.

커피 한잔에 깃드는 애정과 김토스트, 그리고 시미즈 형제의 미소가 있는 이곳에는 오늘도 단골들의 발길이 끊임없이 이어진다.

ACE

6. 모든 안내판은 형이 직접 만들고 있다. 7. 사이폰으로 만드는 커피. 형제가 보여주는 멋진 퍼포먼스다. 8. 커피를 주문하면 네임태그가 올려진 채 서빙된다.

시미즈 형제의 마음 따뜻해지는 미소는 오래전부터 변함이 없다. 이 미소를 보고 싶어서 오고 싶어지는 사람도 많을 것이다.

One more topic

미니 수제 깃발과 성냥갑

"이거 가져가요."라며 내민 것을 보니 '김토스트'라고 적힌 작은 깃발과 가게 이름이 적힌 성냥갑이다. "정말 가져가도 돼요?" 기쁘게 되물었다. 멀리서 오거나 처음 김토스트를 주문한 사람들에게 선물로 준다고 한다. 깃발을 만든 사람은 형 히데카츠 씨. 아마도 1,000개 이상은 나눠준 것 같다고 한다.

원조 로스카츠 샌드위치(1,100엔)는 동생
과 스태프 한 명이 만들고 있다. 레시피
를 남기지 않기 때문에 더더욱 귀중하다.
블렌드 커피(400엔)와 함께 드셔보시길.

글—가지하라 은리, 사진—다카하시 아쓰시

전통의 맛집에서 개발한 카츠 샌드위치
오래전부터 변함없는 그 맛을 커피와 함께

긴자 브라질 錦座Brazil

ぎんざブラジル

일본에 킷사텐 문화가 침투하기 전이던 쇼와 23년(1947), 점주 가지 준이치梶純一 씨의 할아버지가 긴자에 1호점을 오픈했다. 당시 그는 커피숍뿐만 아니라 브라질에서 수입업도 함께 하고 있었다. 그리고 1962년에 이곳 아사쿠사에 2호점을 냈다. 장소가 아사쿠사지만 '긴자'라는 이름을 붙인 연유이다.

모두가 주문하는 원조 로스카츠 샌드위치. 이름처럼 "일본에서 맨 처음 로스카츠 샌드위치를 만든 곳이에요." 가지 씨가 자랑스럽게 말한다. "자, 드세요." 하며 눈앞에 내민 순간 나도 모르게 박수를 쳤다. 육즙이 흘러나는 커틀릿이 두 장이나 들어있고, 두툼하게 잘린 토스트와 곱게 썬 양배추의 비주얼이 감동을 불러일으킨다. 어디 하나 타협한 구석이 보이지 않는 노포의 자부심이 고스란히 드러난다.

샌드위치와 함께 블렌드 커피를 드시라. 산미와 농후한 커피 맛이 샌드위치의 기름과 어우러

1. 관광객으로 넘쳐나는 역 앞을 헤쳐나와 나카미세 도오리를 지나면 이곳에 닿는다. 2. 오픈 키친으로, 만드는 모습을 볼 수 있다. 3. 따뜻함이 느껴지는 주황색 등으로 차분한 공간을 연출한다.

주말에는 전 석이 가득 찰 정도로 인기가 있지만, 평일 점심시간 이후에는 비교적 여유 있게 시간을 보낼 수 있다.

✎ shop info

도쿄도 다이토구 아사쿠사 1-28-2 2층
Tel: 03-3841-1473
영업시간: 9:00~15:30
정기휴일: 수요일, 금연
츠쿠바엑스프레스 아사쿠사역에서 도보 3분, 토부스카이트리라인 아사쿠사역에서 도보 4분

져 엄청난 바디를 만들어내면서 입안을 깔끔하게 씻어준다. 마지막 한 모금까지 맛있다.

"많은 분이 새로운 것을 좋아하기 때문에, 이곳을 유지하는 것은 정말로 어렵습니다. 그러나 오래전부터 같은 방법으로 같은 요리를 제공하는 것으로 3대, 4대를 이어 유지하는 것에 자부심을 느낍니다."

긴자 브라질은 오늘도 그 옛날과 같은 맛을 만들어내고 있다.

One more topic

점주의 추억 아사쿠사의
또 한 집 '안젤라스'의 커피

가끔 '여기'를 떠나 다른 곳으로 가고 싶
다는 마음은 누구에게나 있을 것이다.
점주 가지 씨는 일하다가 휴식이 필요
할 때, 아사쿠사의 '안젤라스'(2019년 폐
점)라는 곳으로 가곤 했다. 깔끔하고 마
시기 편한 커피, 내 카페에는 없는 유형
의 커피를 마시는 것으로도, 업무를 떠
나 휴식이 되었다고

4. 흑백사진 시대부터 지금까지, 사람들에게 사랑받고 있다. 5. 가게 내부 쇼케이스에는 레트
로한 식품 샘플이 보인다. 6. 핸드드립 커피를 사이폰으로 데워서 서빙한다. 7. 원조 프라이드
치킨 (1,100엔). 한입 베어 물면 일반 닭고기의 질감과는 다른 부드러움이 느껴진다.

커피를 배우고 싶다면, 커피교실 어때요?

커피 붐 속에서 커피를 새로운 취미생활로 시작한 사람들이 많다. 그러나 지식은 의외로 단편적이며, 제대로 추출하는 방법을 잘 모르겠다고 하소연하는 사람들도 의외로 적지 않다.

그런 분들이라면 한 번쯤 커피교실을 수강해보는 것이 어떨까?

커피교실은 대기업뿐만 아니라 개인 카페에서도 열린다. 가까운 커피숍에서 커피 교실이 열리고 있다면 행운이겠지만, 만약 초보부터 본격적인 상급반까지 폭넓게 배울 곳을 찾는다면, 큰 회사에서 운영하는 커피교실을 찾아보는 게 좋다. 자주 개최하며, 학습 내용의 선택지가 많고, 최근에는 온라인 세미나도 개최하고 있다. 그런 곳들에서는 오랜 시간 쌓아온 기술과 경험을 토대로 즐겁게 배울 수 있는 길을 안내해 줄 것이다.

school

01

키커피 커피 세미나

www.keycoffee.co.jp/seminar/

창업 100년이 넘는 노포 기업으로 오래전부터 많은 킷사텐, 커피숍을 돕고 있는 키커피. 도쿄 신바시에 본사가 있으며, 리얼 세미나부터 초급 '컬처 클래스', 중급 '스킬업 클래스' 등 각종 세미나가 준비되어 있다. 또 화면을 통해 참가 가능한 라이브세미나에서는 프로의 기술을 배울 수 있어, 먼 곳에 사는 사람들도 편리하게 이용할 수 있다.

school

02

UCC 커피 아카데미

www.ucc.co.jp/academy/

고베에 본사를 둔 UCC가 스페셜티 커피 분야에 주력한다는 사실은 이미 잘 알려져 있다. 리얼 교실은 고베와 도쿄 두 곳에서 받을 수 있으며, 온라인 세미나도 잘 갖춰져 있다. 초보자가 참가하는 90분 '체험 커피 세미나'를 필두로, '베이직 코스' '프로페셔널 코스' 외에, 시대의 요구에 맞춘 '커피와 함께 생각하는 SDGs세미나'도 개최한다.

5

일부러라도 찾아가고 싶은
도쿄 근교의 맛있는 커피집

이제 살짝 도쿄를 벗어나
혼자 떠나는 작은 여행,
친구나 가족과 함께 가볼 만한 근교의 커피집을 소개한다.

원 컨테이너 미션으로 잘 알려진,
쇼난 지역 인기 커피집

27 COFFEE ROASTERS

CORNER 27

トゥエンティセブン コーヒーロースターズ

사진·글—다카하시 아쓰시

쇼난의 주택가 츠지도에 자리한 27 coffee roasters는 20종 이상의 스페셜티 커피를 언제라도 시음할 수 있는 상태로 준비해 둔, 커피 마니아들의 명소이다.

주인 카사이 코오츠葛西甲乙 씨는 펼치는 일들이 큼직큼직해서, 소박했던 예전의 '카사이 커피'를 최신 머신을 갖춘 스타일리시한 랩으로 변신시키고, 옆 건물을 로스팅 공장과 카페 스페이스 'corner27'로 개조했다. 회색과 흰색의 벽이 서로 다른 듯 일체감을 느끼게 하는 이곳은 커피를 좋아하는 사람들에게는 최고의 놀이터가

1. 시음용 커피가 줄지어 있는 '27 coffee roasters'. 개방형 카운터에서는 편하게 말을 걸 수도 있다. 2. 드립 아이스커피는 756엔(테이크아웃). 3. 커피 맛이 궁금할 때 즉석에서 테이스팅이 가능하다.

되고 있다. 독자적인 프로젝트 '원 컨테이너 미션'에서는 2016년부터 온두라스의 콩만 한 컨테이너씩 수입하고 있다. "간단히 한 컨테이너라고 말하지만, 가게에서 로스팅하면 6만 6,000봉지를 판매하는 양이에요. 개인 로스터가 톱퀄리티의 콩을 컨테이너 가득 채운다는 것은 꿈에 가까운 이야기지요."

코로나 팬데믹도 그의 의지를 꺾지 못했다. 클라우드 펀딩을 펼친 것이다. 필자는 2020년 여름, "7월 중에 시작합니다."라는 문구로 펀딩을 처음 알았는데, 눈 깜짝할 새에 목표액을 크게 초과해 약 850만 엔이 모금됐다. 주일 온두라스 대사가 일부러 찾아와 감사를 전했을 정도다. '커피로 세계를 이어간다'는 캐치프레이즈를 몸소 실천하는 멋진 커피집이다.

4. 카페 스페이스 안쪽에는 거대한 배전기가 설치돼 있다. 로링 스마트 로스터 35kg. 5. 가게는 조용한 주택가 한편에 있다. 주차장 완비. 6. 벽면에는 '원 컨테이너 미션'으로 수입한 콩들의 이름이 기록되어 있다. 7. 이탈리아 빅토리아 아르두이노사의 black eagle. 8. 점주 카사이 씨는 '세계 산지를 돌아본 결과 온두라스 작은 농가의 저력을 느꼈다'고.

27 COFFEE ROASTERS

❧ shop info

가나가와현 후지사와시 츠지도 모토마치 5-2-24
Tel: 0466-34-3364
영업시간: 카페10:00~17:00, 원두 판매 10:00~18:00 (토·일·경축일은 9:00~)
정기휴일: 화요일 금연
JR도카이도혼센 츠지도역에서 도보 15분

One more topic

주인 추천 마이크로랏 원두

카사이 씨의 추천 원두 중 하나가 '오스카 라미레스 파라이네마'(온두라스산. 8oz=226.7g, 1843엔). 2017년 온두라스의 COE(cup of excellence)에 처음 출품해 1위를 차지한 마이크로랏 엘 라우렐농원. 핫으로도 아이스로도 맛있으며, 생과일주스 같은 상큼함이 있다.

9. Corne r27은 시원한 흰색 외벽. 차분한 실내도 좋지만, 바람이 선선한 테라스석도 좋다. 10. 라테아트를 만드는 바리스타. 이런 풍경을 구경하는 것도 즐겁다.

1. 본래 차실이던 스기야(数寄屋) 건축물이 커피를 음미하는 공간으로 변신했다.
2. 유니크한 메뉴라며 골라준 콜롬비아 인퓨즈드 코코넛 레모네이드(880엔). 깜짝 놀랄 맛을 경험하며 다시금 커피의 알 수 없는 깊이를 실감했다.

사진·글—다카하시 아쓰시

미도리가오카 위에 호젓하게,
오직 커피를 위해 존재하는 곳

가나가와 · 오하마(神奈川 · 追浜)

츠키고야 야마노우에점

ツキコヤ やまのうえてん

도쿄만 서쪽에 있는 하케이지마八景島와 요코스카横須賀의 딱 중간지점, 오하마의 언덕에 호
젓하게 자리잡은 일본식 건축물의 커피점이 츠키고야이다.

커피를 좋아하는 사람이라면 한 번쯤 들어봤을 이곳은 금~일요일, 경축일만 영업한다. 점주
인 다무라 에이지田村英治 씨는 일본 각지 카페를 순례하면서 커피를 배우고, 자신이 직접 로
스팅하여 지향하는 맛을 만들고 있다. 로스터는 '화력조절 다이얼이 하나밖에 없는' 프로밧
로스터. 배전별로 꼼꼼하게 데이터를 기록하는 모습도 인상적이다. 최근에는 '기온과 습도에
관한 일정 법칙을 찾은 것 같다'고 했다. 공기 중의 수증기량 '절대습도'가 중요하고, 계절과
기후별 요소를 가미하여 로스팅할 때 미세조정을 해 나간다.

야마노우에점에서 마실 수 있는 커피는 강배전부터 약배전까지 7~8종류. 커피 중심의 카페
공간이기 때문에, 손님의 취향을 정중하게 듣고 커피를 내준다. 여러 커피를 마시고 다니는

3-4. 다무라 씨의 꼼꼼하고 진중한 배전 모습. 기록하고 있는 수
기 데이터는 취재 시점에 9517회째. 5. 배전실에 묻혀 사는 다무
라 씨. 6-7. 개성적인 인퓨즈드 커피를 로스팅하고 있다.

차이나타운의 2호점에서
취향의 커피를 만나보자

야마노우에점 영업을 금~일요일에만 하는 것은 로스터리로서의 본분을 다하기 위함이다. 2호점 'TSUKIKOYA COFFEE ROASTER 차이나타운점'에서는 통상 강배전 8~10종, 중배전 5종, 약배전 12~13종으로 다양한 상품라인업을 갖추고 있으니, 취향의 커피를 찾아보시길….
가나가와현 요코하마시 나카구 야마시타마치 106
11:00~19:30, 연중무휴

필자에게는 "조금 독특한 커피를 드셔보세요."라며 발효과정에 과일 등을 섞어서 맛을 만드는 인퓨즈드 커피를 추천했다. 독특한 플레이버감은 처음 경험하는 맛이었다.

한 모금 마시니 "아~!" 하고 나도 모르게 웃음이 흘러나왔다. 그런 즐거움을 중요하게 생각한다는 다무라 씨. "커피는 아직 경험하지 못한 세계가 많이 남아있으니, 찾아가는 즐거움이 지속되면 참 좋을 것 같습니다."

TSUKIKOYA

8. 디딤돌이 있는 현관은 정겹고 예스런 분위기. 9. 정성스럽게 핸드드립으로 커피를 추출하고 있다.

인기 있는 프렌치토스트는 음료와 함께 1,210엔(단품 825엔).

❥ shop info

가나가와현 요코스카시 우라고초 3-51
Tel: 046-876-8988
영업시간: 10:30~21:00
금·토·일만 영업 금연
게이힌 급행 오하마역에서 도보 15분

10. 바리스타가 손님의 취향을 묻고 각각의 커피 향미를 설명해 준다. 11. 녹색에 둘러싸인 창문 쪽 자리도 탐난다.

켜켜이 쌓아 올린 세월이 더 멋진
가루이자와 속의 진풍경

마루야마 커피 가루이자와 본점

まるやまコーヒー かるいざわほんてん

1. 펜션 시절의 간판이 아직도 소중하게 걸려있다. 2. 쌓아둔 장작이 겨울의 엄
혹한 시간을 추측케 한다. 3. 작은 시음코너도 있으니, 마음에 드는 맛을 찾아
보자. 4. 커피를 마실 수도 있는 현관 홀에서는 '공방 오크 빌라'의 도기를 전시
판매하고 있다. 도예가였던 마루야마 씨 장모님의 제자가 만든 것.

사진·글—나가시마 다카시

고모로점이 오픈하기 전에는 분점에 배전실이 있었
다. 지금은 주차장으로 사용하고 있다.

5 6

붉은 기와 건축물을 감싸듯 높게 치솟은 나무들의 뿌리 근처에 '마루야마 커피' 간판이 수줍게 세워져 있다. 다시 보니, 로고 마크가 이 풍경을 담고 있었다.

"슬슬 겨울 준비를 합니다. 곧 난로도 피워야 해요." 점장 나시모토 아카네茜本茜 씨가 안쪽에 설치된 커다란 난로를 가리킨다. 가루이자와 본점은 대표인 마루야마 켄타로 씨의 장인장모님이 운영하던 펜션. 난로를 비롯해 당시 분위기를 느낄 수 있는 장식이 여전히 남아있다. 산지에 출장 다니기 전까지는 마루야마 씨가 직접 가게에서 이것저것 챙겼다고 한다.

프렌치 프레스로 제공하는 커피는 블렌드와 싱글오리진 각각 10종 정도로 풍부하게 갖춰져 있다. 무엇을 마실까 고민하다. 친절하게 다가오는 스태프에게 조언을 구할 수 있는 푸근함은 덤이다. 오래전부터 지켜온 공간의 풍경이야말로 커피 한 잔을 더욱 멋지게 연출해 준다.

MARUYAMA COFFEE

🍶 shop info

나가노현 기타사쿠군 가루이자와쵸 가루이자와 1154-10
Tel: 0267-42-7655
영업시간: 10:00~18:00
정기휴일: 화요일, 금연
JR호쿠리쿠 신간센 시나노철도 가루이자와역에서 도보 10분

"다른 카페들과 비교해 손님들과 정말 가깝다는 것이 특징이에요." 나시모토 씨의 말이다. 마루야마 씨를 '켄짱'이라고 부르는 단골들이 그 증거이리라. "대표가 단골들과 만들어온 관계까지 지키려 노력하는 본점은 손님들의 공간이기도 하죠. 언제 방문해도 변함없는 공간이 되도록 관리하며 지키고 싶습니다."

난로에 불을 지피는 일도 스태프가 이어받은 중요한 업무 중 하나다. 겨울이 곧 다가온다는 것을 알리는 풍경이지만, 스태프들의 이런 마음가짐이야말로 공간의 가치를 빛나게 하는 요소인 것 같다.

One more topic

마루야마 커피 인기 No.1 블렌드 클래식 1991

본점에서 가장 인기 있는 메뉴는 창업 당시의 마루야마 커피 블렌드를 재현한 마루야마 커피 블렌드 클래식 1991(715엔). 창업 20주년을 기념해 2011년에 선보인 본점 한정 블렌드로, 강배전의 꽉 찬 바디감과 긴 여운이 특징이다. 콩은 100g: 900엔, 200g: 1799엔. 판매는 가루이자와 본점에서만.

5. 본점 한정 마루야마 커피 오리지널 카레1990(1265엔)는 선대가 운영하던 시절의 베지터블 카레를 마루야마 씨가 재현한 것. 런치 때만 제공한다. 6. "사계절 변화의 즐거움을 느낄 수 있어요."라고 말하는 나시모토 씨. 7. 입구 오른쪽 물품 매대에는 원두와 드립백 커피, 오리지널 디저트 등이 빼곡하게 진열돼 있다. 8. 예전에는 다이닝룸이던 곳을 커피를 마시는 공간으로 개조. 9. 프랜치 프레스 커피(660엔)는 2인분이 듬뿍. 도기 컵은 가게 분위기와 잘 매치된다. 인기 초코케이크(527엔)와 함께 드셔보시길.

오래된 민가를 개조한 카페, 잡화 및 구운과자점
구석구석 즐거움 넘치는 공간

센키야Senkiya

せんきや

사진·글―다카하시 아쓰시

1. 가게 이름은 본가의 꽃식물집인 '센키야'에서 가져왔다. 지은 지 60년 된 건물 1층이 카페로 변신했다. 2. 차분한 분위기를 드리우는 창가 쪽 자리. 뜨거운 커피(560엔)와 시폰 케이크(470엔)가 테이블에 놓여 있다. 3. 꽃식물집이던 흔적이 여기 저기 남아있다.

가와구치시의 한가한 도로 가에 자리한 센키야는 가업이던 식물집의 터를 부부가 개조해 커피집으로 변모시켰다. 본관 1층이 카페, 2층은 잡화점이다. 붙어 있는 건물에서는 구운과자와 베이글을 판매하며, 갤러리로도 사용한다.

오너 다카하시 히데유키高橋秀之 씨는 스무 살즈음 나스의 유명 커피집 'SHOZO CAFE'에서 일했다. "엄청 충격을 받았습니다. 지방 소도시에 그렇게 멋진 곳이 있다는 사실에…"

카페를 중심으로 멋진 가게가 여럿 모여있는 것에 감명받아, 나도 언젠가 이런저런 것을 생각해 봐야지, 결심했다. 그러다 이 건물을 중심으로 마을 같은 공간을 꾸며보고 싶다는 생각에 이르렀고, 이제는 먼 곳에서 찾아오는 손님이 생길 정도로 인기를 끌고 있다.

취재 때 마신 커피는 뜨거운 것이었다. 약배전 커피는 다양한 맛을 연출할 수 있도록 금속 메

shop info
- - - - - - - - - - - - - - -

사이타마현 가와구치시 이시가미 715
Tel: 048-299-4750
영업시간: 11:30~18:00
정기휴일: 수·목요일. 금연
JR무사시노센 히가시우라와역에서 버
스 10분 신마치역 하차.

시필터를 사용하지만, 강배전의 경우 과추출이 되기 때문에 페이퍼드립을 한다. 시폰 케이크와 함께 창가 자리에서 음미하고 있으려니 시간의 흐름이 느리게 바뀐 것 같다.

식사로도 유명하지만, 매번 구성이 바뀌어 기사로 소개하기에는 어려움이 있었다. "밥을 짓는 팀만 7팀이에요. 늘 변화가 있는 곳이 바로 센키야랍니다." 다카하시 씨의 말이다. 최근 가까운 곳에 고도구점古道具店도 개업했다. 마음이 풍요로워지는 삶의 공간에 더 많은 친구와 이웃을 초대하겠다는 마음으로 오늘도 내일도 센키야를 발전시키고 있다.

4. 본관 현관. 차분한 분위기와 정원의 녹색 조합이 근사하다. 5. 내부. 계단 위는 잡화점이다. 6. 카페 안에 책들이 진열되어 있다. 7. 수제 진저시럽(1598엔).

SENKIYA

8. 건물 안 한쪽에 귀여운 구운과자점이 있다. 9. 카페 창밖으로 폴크스바겐 버스 수리공장이 보인다. 10. 카운터에서 커피를 내리는 다카하시 히데유키 씨. 11. 강배전은 삿포로 유명 카페 '사이토커피'의 원두를 사용한다.

One more topic

오래된 고도구와 식기가 진열된 'senkiya ATONIMO'

senkiya에서 차로 5분 정도 떨어진 곳에 옛 편의점을 개조해 만든 세련된 가게의 집합체 '세븐아트'가 있다. 이름인즉슨 '세븐일레븐이 있던 자리이기 때문(웃음)'. 카페와 레코드점, 목공품점, 고도구, 식기 등을 취급하는 곳이다. 쇼와의 오래된 것들도 판매하지만 수리해야 하는 물건들도 매매하고 있다. 생각 있는 분은 꼭 들러보시길.
사이타마현 가와구치시 겐자에몽신덴 61-7
10:00~18:30, 월화 휴일

날씨가 좋은 날, 나무 사이로 비치는 수많은 작은 빛들이 테라스로 쏟아진다.

지역 밀착형 고민가 카페로
마음까지 치유하는 곳

커피 쿠로네코샤

コーヒーくろねこしゃ

1. 전형적인 보소반도(房総半島)의 고민가를 개조한 실내 분위기. 따뜻한 나무색이 저절로 마음을 편하게 한다. 2. 외관은 그냥 일반 집. 그래서인지 오히려 기대를 품고 문을 열게 된다. 3. 즐겁게 취재에 응하는 모토코 씨. 4. 사진 위쪽은 무화과가 통으로 들어가는 초코 롤케이크(450엔). 파티시에였던 모토코 씨의 수제품이다. 5. 조용히 기댈 수 있는 벽쪽 테이블석.

사진·글—다카하시 아쓰시

지바현 모바라시, 보소반도 내륙 녹색이 풍요로운 언덕과 밭이 펼쳐진 곳에, '커피 쿠로네코샤'가 자리잡고 있다. 외관은 고민가 그 자체인데, 문을 여는 순간 사랑스럽고 정갈한 카페가 펼쳐진다. 고향에 돌아온 듯, 마음 편한 공기가 감싼다. 가게 주인 이마노 모토코今野素子 씨는 말한다. "풍요로운 시골이라서 커뮤니티가 잘 된답니다." 모바라라는 마을이 맘에 들어 부부가 이주를 결심했고, 2년에 걸쳐서 이 건물을 개조해 2015년에 카페를 오픈했다.

커피는 모토코 씨가 직접 통돌이로 소량 로스팅해 융드립으로 정성스럽게 내려준다. 로스팅 정도는 다양하지만, "역시 강배전이 우리 집다운 맛인 것 같아요."라며 내려준 커피는 콜롬비아 강배전. 고소하면서 깊이 있는 맛이 주인처럼 상냥하고 매끄러웠다.

커피잔은 목재 머그잔으로 보소지역 작가의 작품이다. 지역에 밀착한 카페로서 도구뿐만 아니라 식재, 요리 스태프도 커뮤니티 내부에서 뽑는다. 월 2회 '원데이 카페' 이벤트가 열리는데, 이때는 지역의 요리인들이 출장 와서 메뉴를 만들어 제공한다. 또 평소 요리에는 정원에서 키우는 야채와 이웃 농가가 재배한 무농약 채소를 사용하는 등 지역특산물로 이곳만의 맛과 멋을 선보인다. 모토코 씨의 친절하고 상냥한 성격 덕에 이 모든 이상이 커피 쿠로네코샤라는 공간 안에서 완성되고 있다.

6. 커피는 융드립으로 한 잔씩 내린다. 7. 현관을 들어서면 전체가 한눈에 들어온다. 안쪽 취사공간이 보이는 것도 매력. 8. 원두는 모토코 씨가 직접 통돌이로 소량씩 배전. 9. 융드립만의 매끄럽고 감미로운 맛이 매력. 강배전이지만 부드럽고 친숙한 맛이 있다.

COFFEE KURONEKOSHA

10. 취재 당시 기간 한정으로 전시되던 화가 이쿠이로 씨의 작품. 11. '이와테현의 자원봉사자에게 보내기 위해' 만들었다는 케이크와 쿠키. 12. 벽에는 검은고양이 마스코트가 걸려있다. 13. 원데이 카페의 요리 중에서. 오늘은 &sola 씨의 '문어밥과 겨울오이 수프'(1200엔).

🖋 shop info

지바현 모바라시 다이다 327-1

Tel: 080-4403-0319

영업시간: 11:30~16:00

정기휴일: 부정기. 금연

JR소토보센 모하라역에서 버스 15분 다이다역 하차

*영업은 인스타그램 @kuronekosha 에서 확인 가능

One more topic

다양한 계절 이벤트와 전시회가 흥미로워

지역작가들과 연계가 쿠로네코샤의 매력이다. 카페에서 사용하는 식기들도 지역작가의 작품이다. 취재한 날은 가게에서도 사용하는 나무 머그잔의 전시 첫날. 보소를 거점으로 활동하는 아틀리에 두올의 하세가와 마코토 씨 작품으로, 섬세하고 아름다운 조각이 특징이다. 모토코 씨도 '사용하면 할수록 투명감이 드러나며, 키워서 사용하는 듯한 감각'이며 맘에 들어한다. 필자도 구매해서 애용하고 있다.

엄선 커피용어 사전 1

애네어로빅 퍼멘테이션anaerobic fermentation 혐기성 발효. 최근 개발된 커피 정제 발효프로세스를 말한다. 일반적으로 공기 중의 균을 활용하는 방식과 달리 밀폐된 곳에서 산소를 차단해 산소 없이도 활동하는 미생물로 발효를 진행한다.

아메리칸 American 약배전 콩을 추출한 가볍고 산뜻한 느낌의 미국 스타일 커피. 설탕과 우유를 넣지 않고 많은 양을 마시는 것이 일반적이다.

아라비카Arabica 에티오피아 원산으로 알려진 커피 종류. 일반적으로 고도가 높고 선선한 지역에서 재배된다. 풍미가 뛰어나며 스트레이트 커피의 대부분이 아라비카종이다.

인퓨전 infusion 발효 과정에서 시나몬이나 과일 등을 혼입해, 새로운 풍미를 만들어내는 새로운 기술 중의 하나. 커피 본연의 맛을 해친다는 의견도 있지만, 새로운 가능성을 보여준다는 의견도 적잖다.

SCAA 미국스페셜티커피협회. 스페셜티 커피의 세계적인 지표 및 기준 등을 보급할 목적으로 1982년에 발족했다. 생산자, 생두 거래자, 로스팅 업자 등 커피 관계자들이 그 구성원이다.

SCAJ 일본스페셜티커피협회. 2003년에 발족했다. 전문 커피 판매자 육성을 목표로 하는 '커피 마이스터 강좌' 및 '재팬 바리스타 챔피업십' 등을 주최하고 있다.

COE (컵오브엑셀런스, Cup of Excellence) 생산국별로 실시하는 커피 국제품평회의 약칭이 COE이다. 그해에 생산된 커피를 심사해 높게 평가된 커피에 대해서 상을 수여한다.

게이샤 geisha 아라비카종의 원종 중 하나. 에티오피아 남부 게샤 마을이 발상지이며, 재스민으로 대표되는 독특한 향미가 특징이다. 파나마산 게이샤가 품평회에서 고평가를 받은 이후 전 세계적인 붐을 일으켰다.

결점두 벌레 먹은 콩, 깨진 조각들, 썩은 콩, 미숙두 등 맛을 떨어뜨리는 원인이 되는 콩. 이들을 손으로 골라내는 것을 '핸드소싱'이라고 한다. '핸드피크'라고도 불리지만, 엄밀히 말하자면 핸드피크는 손으로 열매를 따는 것을 일컫는다.

쉼터 같은 공간이 매력적인,
맛있는 커피집

커피의 즐거움은 맛뿐만 아니라
함께하는 공간과 시간도 중요하다.
편안한 분위기 속에 쉼터 역할을 하는
멋진 커피집이 여기에 있다.

시대를 초월해 사람들에게 사랑받는
정통 스타일의 커피집

무사시노 커피점

むさしのコーヒーてん

글 ― 기무라 리에코, 사진 ― 후키즈카 유타

1. 차분한 실내 분위기. 카운터석과 테이블석이 있다. 마스터의 추출 모습을 볼 수 있는 카운터는 특등석. **2.** 7종의 콩을 사용한 오리지널 블렌드 커피는 원두로도 판매한다(100g 680엔). **3.** 실내에는 조용하게 클래식 음악이 흐른다. 음원 CD가 가지런히 진열돼 있다.

아쿠타가와상을 받은 마타요시 나오키又吉直樹의 소설《히바나(불꽃)》에 등장하는 커피집. 소설 속 묘사 하나하나를 떠올리며 가게로 향했다. 조용하게 클래식이 흐르는 실내는 책에서 묘사한 것처럼 정통 커피집 그 자체였다.

마스터 가미야마 마사토시上山雅敏 씨가 이탈리안 레스토랑과 커피집에서 경험을 쌓고, 기치죠지에 가게를 오픈한 지도 40년 이상이 지났다. "전환기는 세 번 있었죠. 1970~1980년대 유행했던 안논족(〈an〉과 〈nonno〉라는 잡지를 들고 활보하던 여성들을 일컫는 말—옮긴이)이 찾아들 때, NHK에 출연했을 때, 그리고 마타요시 씨의 책 덕분에 많은 분이 찾아와 주었답니다."

커피는 융드립으로 정성스럽게 추출한다. 콩은 블루마운틴과 산토스니브라 등 7종. 블렌드는

블렌드 커피(620엔).
쓴맛과 단맛의 밸런스가
매우 좋다. 치즈케이크는
530엔

One more topic

커피집의 세계관을 완성시키는 소중한 컵들

카운터 뒤쪽으로 마이센, 헬렌, 아우가르텐 등 우아한 찻잔이 진열되어 있다. 사진은 전 공정을 장인의 수작업으로 진행하는 아우가르텐 잔. 제작소가 있는 빈을 방문했을 때 직접 샀다. "컵은 자신이 이미지하는 커피집의 세계를 완성시키는 데 필요불가결한 부분입니다."라고 말하는 가미야마 씨.

4. 주문을 받으면 융드립으로 추출을 시작한다. 5. 소설 《히바나》에 등장하는 인물들이 앉았던 자리가 여긴가? 상상하는 것도 즐거움 중 하나다. 6-7. 마스터 가미야마 씨가 아일리시커피(900엔)를 만들어 주었다.

MUSASHINO
COFFEE TEN

7종을 그때그때 콩의 상태에 맞춰 배합을 바꾸는데 '맛있음이 입안에 남는 것이 아니라 머리에 남는 것'을 상상하면서 조정한다. 쓴맛과 단맛에 더해 깔끔한 맛을 추구한다고. 그 블렌드로 만드는 작품이 바로 아일리시커피. 향을 입히기 위해 아일리시 위스키에 오렌지 껍질을 얇게 잘라 넣고 불을 붙여 유리잔에 붓는다. 그러면 푸른 불꽃이 요염하게 춤을 춘다. 마무리로 생크림을 올려서 내어주는 한 잔은 기품이 넘친다.

🍶 shop info

도쿄도 무사시노시 기치죠지 미나미마치 1-16-11 오기카미빌딩 2층
Tel: 0422-47-6741
영업시간: 11:00~20:00(19:30 last order)
정기휴일: 없음. 금연
JR주오센, 게이오이노가시라센 기치죠지 지역에서 도보 3분

오리지널 블렌드인 홍차도 인기 메뉴다.

이어받은 고민가의 역사에
새로운 이야기를 덧붙여가고 있는 카페

쇼안분코 松庵文庫

しょうあんぶんこ

글—기무라 리에코, 사진—후키즈카 유타

커다란 창 너머로 녹음이 우거진 정원이 펼쳐져 있어 개
방감이 넘친다.

가게 안에는 '음식'을 테마로 하는
책들만 모아놓은 책장이 있다. 보
고 싶은 책은 커피를 마시면서 펼
쳐 읽어볼 수 있다.

1. '앞으로도 유연하게 우리만
의 가게를 만들어나가고 싶
다'고 말하는 오카자키 유미
씨. 2. 커피는 핸드드립으로
추출한다.

"새것보다 해묵은 것들이 매력 있죠. 생활의 흔적이 남아있는 걸 볼 때 마음이 푸근해집니다.
이야기가 깃든 것들이 좋아요."라고 이야기하는 오너 오카자키 유미岡崎友美 씨.
본래 음악가 부부가 살던 집이라고 한다. 지은 지 90년 된 고민가를 만나서, 건물을 이어받기
로 마음먹고 2013년 7월에 카페를 오픈했다. 세월이 흐르면서 조금씩 변화하겠지만 분명한
이곳'다움'을 쌓아 올리고 있다. 대표적인 것이 카운터이다. 교토 데라마치寺町의 이조킷사李
朝喫茶 '리세이李青'에서 사용했던 것을 인연이 닿아 가져왔다. 아름다운 나뭇결에다 시간의 풍
격이 더해진 카운터는, 마치 처음부터 이 장소로 올 것을 예측이라도 한 듯 안정적으로 자리
하고 있다. "카운터가 들어오면서 드디어 우리의 공간이 된 느낌이 들었어요. 이런 만남도 진

❀ shop info
- - - - - - - - - - - - - - -
도쿄도 스기나미구 마츠완 3-12-22
Tel: 03-5941-3662
영업시간: 9:00~18:00, 금토
~22:00
정기휴일: 월·화, 금연
JR주오센 니시오기쿠보역에서 도보
7분

정한 인연이지요. "

소중하게 이어진 많은 인연에 의해 가게는 더욱더 개성 넘치는 곳이 되어가고 있다. 요리에 사용하는 무농약 채소나 쌀은 농가 이웃들에게 받고 있으며, 직접 논으로 가서 벼를 심거나 수확하는 것도 돕기도 한다.

변하지 않는 것도 있다. 커피가 그렇다. 공정무역에 주력하고 있는 멕시코 마야비닉 커피와 오리지널 블렌드를 핸드드립으로 추출한다. 이어받은 민가의 역사 안에 새로운 이야기를 계속 쌓아 나가는 것이 오카자키 씨의 가게 운영 목표다.

3

4

One more topic

할머니가 애용했던
패달 미싱

커피잔, 소파, 레코드플레이어 등 가게 곳곳에는 오카자키 씨가 '좋아하는 것들'로 채워져 있다. 그중 하나가 미싱. 오래된 패달 미싱은 오카자키 씨의 할머니 집에 있던 것이다. 실제로 이 미싱으로 가방을 만들어 주시기도 했다고. 커피를 맛보면서 물건 하나하나에 깃든 이야기를 듣는 것도 쇼안분코를 즐기는 방법이다.

SHOUANBUNKO

3. 오래되어 정겨움을 더하는 패달 미싱이 실내에 따뜻함을 더해 준다. **4.** 쇼안분코 치즈케이크와 음료 세트는 1320엔. 커피 단품 650엔. **5.** 매장에서 소품을 구매할 수도 있다. **6.** 부드러운 소리로 재생되는 레코드플레이어도 오카자키 씨의 할머니 집에 있던 것이다.

5

6

잡화 판매대와 카페 스페이스가 일체화된 실내 풍경. 의외로 너른 공간이다.

잡화로 물든 개방감 넘치는 카페에서
커피와 함께 느긋한 시간을 보내다

조후(調布)

데가미샤 세컨드 스토리
手紙舎 2nd STORY

てがみしゃ セカンドストーリー

사진·글—다카하시 아쓰시

1. 오늘의 커피(550엔)는 이날 엘살바도르 중강배전이었다. 사진 위쪽은 딸기 레어 치즈케이크(627엔). 컵과 접시는 고야타 준 씨의 작품. **2.** 신선한 콩이 잘 부풀고 있다.

키친 스페이스까지 훤히 보이는 구 조가 친근감을 불어넣는다.

바깥쪽 계단을 올라 2층의 문을 열면, 예상 외로 넓은 공간이 나타난다. 눈앞 가득 잡화가 진열되고, 안쪽 테이블석에 기다란 카운터가 있는 카페. 카페의 모체가 되는 데가미샤는 잡화, 카페, 이벤트를 큰 축으로 하는 회사로, 모미지이치나 도쿄 벼룩시장 등에서 친숙한 이름이다. 잡화카페로도 이미 유명한데, '데가미샤 2nd STORY'는 특히 더 인기가 많다.

"작가의 멋진 작품을 즐기면서, 커피를 마실 수 있는 공간으로 호평이지요."라고 스태프 사사노 치즈루笹野千鶴 씨가 설명한다. 그가 내려준 오늘의 커피는 엘살바도르 중강배전. 같은 건물 1층에 있는 '책과 커피tegamisya'에서 직접 볶은 것으로, 부드러운 산미와 깔끔한 뒷맛의 밸런스가 매우 좋았다. 함께 먹는 치즈케이크는 취재 당시에는 딸기레어 치즈케이크였다. 접시와 컵은 가게와도 인연이 깊은 고야타 준小谷田潤 씨의 작품. 맛과 멋을 겸비한, 프로의 감각이 물씬 느껴졌다.

잡화코너에서는 월 2회 개인전을 연다. 크래프트 작가와 일러스트레이터 등의 작품을 전시·판매하는 것이다. 개인전과 컬래버한 특별 메뉴도 준비해, 고객이 방문할 때마다 새로운 즐거움을 느낄 수 있도록 배려한다. 선구자적 감각이 카페 곳곳에 배어있는 독특한 공간이다.

3. 멋진 분위기의 카운터 주변. 커피를 내리는 사사노 치즈루 씨. 4. 커피는 1층 '책과 커피'에서 직접 볶은 것. 5. 오리지널 코스터와 물티슈는 가져가고 싶을 만큼 귀엽다.

6-7. 잡화 공간도 충실하다. 엽서 등 종이제품과 문구, 양말, 액세서리 등 다양하다. 8. kissmi wakisaka 액세서리. 9. 토트백, 마스킹테이프, 고무도장 등 귀여운 것들투성이다.

One more topic

월 1~2회 열리는
작가들의 개인전도 주목

가게 안쪽 한켠에서는 매월 2회 작가의 개인전을 연다. 취재 당시에는 일러스트레이터 오모리 유코 씨의 작품전 '코모레비-작은 빛'이 열렸다. 생활 속 작은 것들을 모티프로 마음속 풍경을 그린 작품들이 전시되어 있었다. 원화와 프린트 외에, 종이 잡화 판매도 이루어졌다. 개인전은 "수공예 작가들이 많아요."라고 사사노 씨가 귀띔한다.

TEGAMISHA
2nd STORY

◆ shop info

도쿄도 조후시 키구노다이 1-17-5 2층
Tel: 042-426-4383
영업시간: 12:00~18:00(17:30 Last order)
정기휴일: 월·화
게이오센 사사키역에서 도보 1분

1. 아주 오래전부터 존재해온 것 같은 분위기의 외관. 2. 호박색 가구와 책장, 난색 조의 조명이 차분한 분위기를 자아낸다.

글 — 오쿠 기에, 사진 — 다카하시 아쓰시

3. 주문이 들어올 때마다 한 잔씩 추출. 4. 전표를 꽂을 때 사용하는 호두 모양 마그넷 클립(판매는 비정기적). 5. 그 라인더의 탈색도 분위기에 어울린다.

누군가가 다 읽고 둔 책들과
가게 추천 책들이 만나는 커피집

고쿠분지(国分寺)

쿠루미도 킷사텐胡桃堂喫茶店

くるみどうきっさてん

레트로한 타일 장식 벽에 목재로 된 문. 조용히 가게로 들어서면 반투명 유리창에 녹아든 햇살이 중후한 책상과 책장을 감싸고 있는 듯하다. 마치 쇼와시대의 킷사텐 같은 모습이다. 오래된 건물을 개조한 건가? "실은 신축건물이랍니다." 스태프 요시다 나토코古田奈都子 씨가 말한다. 시간을 거쳐 이어진 앤티크 가구가 들어선 이 공간에는 '50년, 100년 후에도 지역 명소가 되기를 바라는' 마음이 담겨있다. 그런 마음이 형태를 갖춘 것이 '읽은 후 가져오는 책'이라고 이름 붙인 책장이다.

"본인은 다 읽었지만, 추억이 깃든 소중한 책을 다른 사람도 읽었으면 하는 마음으로 가져옵니다." 곳곳에 배치된 책장에는 오래된 책 외에도, 신간과 자사가 운영하는 쿠루미도 출판의 책을 합해 1,000권가량이 채워져 있다. 정기적으로 개최하는 독서회와 공부회 외에 최근에는

6. 들어서자마자 카운터가 있다. 7. 다음 사람이 읽기를 바라며 가져온 책들이 책장에 가지런히 꽂혀있다. 8. 니시코쿠분지의 '다카이토 커피'와 함께 개발한 도도 블렌드(750엔)와 미우타인형 타르트(750엔).

재래종 적미 재배법 공부 등 커피 공간을 벗어난 활동까지 이곳에서 이어진다.

주문한 커피는 페이퍼드립으로 내려주는 쿠루미도 블렌드. 밸런스가 좋아서 디저트류와 함께 하면 더할 나위 없다. 좋아하는 책 속에 묻혀 보내는 시간은 최고의 추억을 선사한다.

9. 책 고르는 작업부터, 출판 활동까지 폭넓게 담당하는 요시다 나토코 씨. 10. '가져오는 책'은 추천 글에 적힌 글귀를 통해 추억까지 공유된다.

KURUMIDO

KISSATEN

One more topic

스태프가 추천하는 책들

취재 당일, 요시다 씨로부터 책을 추천받았다. 무심코 오가는 사람들과 관계 속에 '손'이 중요한 역할을 한다고 일깨워주는 《손의 윤리》와 《사자의 선물》 《뱀의 언어로 이야기하는 남자》 등 이곳이기에 가능한 인연이 되는 책 만남도 기대해 보면 좋겠다.

🌶 **shop info**

도쿄도 고쿠분지 혼마치 2-17-3
Tel: 042-401-0433
영업시간: 11:00~19:00 (18:30 last order)
정기휴일: 목요일. 금연
JR 주오센. 세이부코구분지센 고쿠군지 역에서 도보 5분

11. 계단 손잡이에 새겨진 조각도 아름답다. **12.** 이벤트나 전시회장으로도 사용되는 2층. 여기에서 편안하게 쉬어갈 수도 있다.

취급하는 콩은 브라질 산토스 No.2 only
아오야마에 있는 숨겨진 인기 커피집

츠타 커피점

つたコーヒーてん

아오야마 뒷골목에 조용히 자리한 츠타 커피점이 취급하는 원두는 브라질 산토스 No.2 온리. 취급하는 커피가 한 종류라는 것이 신기한 한편 결기마저 느껴진다. 콩의 크기를 표시하는 스크린 사이즈도 큰 알인 #19만 사용한다. 이 콩으로 핫, 아이스, 데미타스 등 추출방법만 달리한다. 마스터 오야마 타이지小山泰司 씨가 가게를 연 것은 30년 전. 저명한 건축가의 사저였던 건물을 오야마 씨가 커피집으로 만들었다. 넓지 않은 가게지만 창문 밖으로 녹색 정원이 보이고, 여기가 도심인가 의문이 드는 곳이기도 하다.

그나저나 왜 브라질 원두만 사용하냐고 물으니 오야마 씨는 이렇게 말했다. "첫 번째 이유는 내가 좋아해서. 산미를 좋아하지 않아요. 이 콩은 쓴맛이 메인이며 밸런스가 좋고 공급량도 많으니 항상 좋은 콩을 구할 수 있기 때문이지요" 산토스 No.2는 쓴맛만 있어서 블렌딩에만

1. 살짝 어둑한 벽의 조명이 어른스러운 분위기를 자아낸다. 2. 가게를 찾을 때는 이 외관을 기억하기를. 3. 카운터 안쪽에 준비된 컵들.

4. 커피(700엔)는 산토스 No.2만 취급하며,
품위 있는 오쿠라 도원의 잔으로 제공한다.
5. 기다란 카운터석도 매력적. 앞쪽에 있는
사람이 마스터 오야마 씨.

4
5

글—갓바 세바 사진·글—다카하시 아쓰시

창밖 정원을 조망하러 오는 단골
도 많다고. 커피 향에 둘러싸여 즐
기는 느긋한 시간.

사용한다고 말하는 사람도 있지만, 배전기술로 달게 구
워낼 수 있다고 믿으므로 그는 스트레이트로 사용한다.
"다른 좋은 콩이 있으면 언제라도 바꾸겠다고 생각하는
데, 이렇게 오래 사용하다 보니…." 하면서 웃는다.
탁상에 올려진 한 잔은 누구나 좋아하는 정통파 커피
맛이다. 커피다운 쓴맛이 베이스에 있으면서도, 단맛이
배어나고 깔끔한 뒷맛에 기분까지 좋아진다.

🫘 shop info
- - - - - - - - - - - - - -
도쿄 미나토구 미나미아오야마 5-11-20
Tel: 03-3498-6888
영업시간: 10:00~20:00
정기휴일: 월요일 금연
도쿄메트로 긴자센, 치요다센 오모테산
도 역에서 도보 4분

TSUTA COFFEE TEN

One more topic

벽에 걸린 '츠타' 글씨는 우연한 만남으로 이곳에

들어서면 곧장 보이는 벽에 걸린 '츠타' 글씨는, 손님으로 오셨던 서예가의 작품. 너무나 당연한 듯 그곳에 있어서, 가게를 위해 써준 것이리라 추측했는데 그렇지 않았다. 마스터 왈 "실은 그분 작품 중에 '츠타'라는 글씨가 있는 것을 우연히 알고, 사정하여 이곳에 걸게 된 것이랍니다." 일상을 설명하듯 전해주는 듯한 일화가 이곳의 분위기를 한층 깊이 있게 만든다.

로스터는 가게 뒤쪽에 설치돼 있다. 오래된 후지로얄을 사용한다.

6-7. 주문받을 때마다 한 잔씩 정성스럽게 융드립으로 추출한다. **8.** 레트로한 저울도 이 가게의 분위기에 딱 맞는다. **9.** 커피콩 판매도 한다.

엄선 커피용어 사전 2

커피의 날
국제협정으로 정해진 커피 거래의 시작이 10월 1일이던 것을 일본에서는 커피의 날로 정했다.

커피 벨트
북위 25도~남위 25도 적도 부근의, 커피 재배가 가능한 열대지역. 지구를 벨트처럼 두르고 있는 모양에서 붙여진 이름이다.

서드웨이브
미국의 커피계에서 '제3의 물결'이라며 붙여진 이름. 미국 서부연안의 블루보틀 커피가 2015년에 일본에 상륙하면서 그 붐이 일본에서도 가속화되었다.

시애틀계
시애틀 등 미국 서부연안에서 발전한 카페 스타일을 일컫는다. 강배전 에스프레소를 베이스로 한 베리에이션 커피가 인기. 스타벅스 등이 여기에 속한다.

스페셜티 커피
재배과정이 명확하며, 산지 특유의 개성이 분명한 고품질 커피. 일본스페셜티커피협회(SCAJ)에서는 '독특하고 인상적인 풍미를 지니며, 선명하고 밝은 신미 특징과 지속성 있는 커피 맛이 단맛의 감각으로 사라진다'고 표현하고 있다. 스페셜리티라는 표현은 잘못된 것이며, 스페셜티가 맞는 표현이다.

생두
커피는 붉은 과일을 수확해 정제한 뒤 과육과 내과피를 제거한 열매다. 콩이라고도 하지만, 정확하게는 종자이다. 일반적으로 생두라고 한다.

융드립
기모, 플란넬 필터로 걸러내는 커피. 입 안 감촉이 매끄럽고 깊이가 우러난다. 융필터의 종류에 따라서는 사용할 때마다 끓이거나 물에 담가두는 등 냉장고 보관이 필요하다.

워터드립
모래시계처럼 워터드립을 이용하여 물방울로 점드립하듯 추출한다. 여러 시간에 걸쳐 추출되는 방법이다. 그 외에 보리차처럼 티백에 담가 침출시키는 방식도 있다.

로부스타종
카네포라종 중의 대표적인 종으로 주로 동남아시아 저지대 등에서 재배된다. 재배가 쉽고 강한 쓴맛과 독특한 향미가 있어 인스턴트커피의 원료로 많이 이용된다.

아이스커피가 맛있는 집

더워지면 반드시 마시고 싶어지는 시원한 아이스커피.
전통적인 스타일부터 창조적인 한 잔까지 개성이 넘치는
인기 카페의 커피를 소개한다.

어린이도 어른도 쉬어갈 수 있는,
녹음으로 우거진 큰 나무 같은 커피집

니시고쿠분지(西国分寺)

쿠루미도 커피 KURUMED COFFEE

くるみどこーひー

니시고쿠분지 역 바로 앞. 녹음으로 둘러싸인 외관은 이미 마을의 한 풍경을 담당하고 있다.
쿠루미도 커피가 이곳에 생긴 것은 14년 전이다.

"바뀐 것은 눈앞에 있는 나무들이 크게 자란 것뿐이에요." 가게 주인 카케야마 도모아키影山
知明 씨가 웃으며 설명한다. 이곳은 카케야마 씨의 딸이 한 살이었을 때, 함께 어린 딸을 두고
있던 친구와 '우리의 아이들을 위해' 만들었다고 한다. 가게 전체가 '숲속 작은 동물들이 모여
시작한 커피집'이라는 콘셉트로, 천장을 중심으로 여러 개의 공간으로 구성되어 있다. 마치
큰 나무에 오르는 듯한 구조이다. 나무 속 둥지 같은 지하의 방에 더치 기구가 진열된 것도
'호두나무에서 수액을 받는 이미지'라고 한다. 따라서 커피는 아이스든 핫커피든 다 워터드립
을 사용한다. 은은한 산미가 느껴지는 오리지널 쿠루미도 블렌드는 밸런스가 좋다. 케이크류
는 어린이 사이즈가 있어서 친절함도 넘쳐난다.

1. 2층에서 아래를 보면 큰 나무 위에 올라 내려다보고 있는 느낌이다. 2. 지하층 자리
는 나무 둥지 안에 들어와 있는 분위기다. 3. 개방감 있는 창가 자리에서는 바깥의 녹
색 풍경이 아름답다.

사진·글—다카하시 아쓰시

4. 오리지널 쿠루미도 커피(650엔)는 은은한 산미와 숨겨진 쓴맛이 매력 포인트. 쿠루미도 케이크 크림 무화과(730엔. 어린이 사이즈 580엔)와 함께. 5. 지하 자리에는 추출기구가 나란히 놓여 있다. '호두나무에서 수액이 떨어지는 이미지'로, 상징적인 실내인테리어 중 하나. 6-7. 원두 판매도 하고 있다.

KURUMED COFFEE

✎ shop info

도쿄도 고쿠분지시 이즈미초 3-37-34 마주니시고쿠분지1층
Tel: 042-401-0321
영업시간: 11:00~20:00(19:30 last order)
정기휴일: 목요일. 금연
JR 주오센 무사시노센 니시고쿠분지역에서 도보 1분

"어린이를 위한 카페이자 어른들 마음속 동심을 지키는 공간이 되었으면 좋겠어요." 창의력 넘치는 실내 분위기지만 의외로 어린이들이 시끄럽게 다니지 않는다. 진심을 담아 만든 공간의 공기를 읽어서 그런 듯하다고 카케야마 씨가 덧붙인다. '가게와 손님이 함께 만드는 문화가 자리를 잡아가는' 게 느껴져서 행복하다고 그가 말한다.

One more topic

미지의 누군가에게 선물하는
유니크한 '편지 커피'

'편지 커피'는 누군가에게 대접하고 싶은 사람이, 'OO한 당신에게라는 편지를 쓰고 한 잔분 700엔을 미리 내는 방식이다. 편지 커피를 마시고 싶은 사람은, 이들 편지 중 '이것은 내 이야기다라고 생각되는 한 장을 찾아, 편지 아래에 답장을 쓰고 한 잔을 대접받는다. 가게는 답장을 우체통에 넣어 주고, 편지를 썼던 사람은 갑자기 도착하는 답장에 놀란다. 카페를 통해 작은 유대관계가 형성되는, 마음 따뜻해지는 시도이다.

8. 자리에 놓인 호두는 '하나씩 가져가세요.' 9. 커피 설명도 평범하고 친절하다. 10. 커다랗고 높은 천장이 뚫려있어서 실내 각 층이 연결되는 구조도 즐겁다.

잡미가 없는 깔끔한 아이스커피
(810엔), 그리고 커피와 우유 배합
이 4대6인 아이스 카페오레(920
엔). 두 잔째는 300엔 할인.

글—사토 사유리, **사진**—가토 구마조

기슈 비장탄으로 로스팅한 참숯커피 전문점
향과 후미의 매력을 느껴보자

숯불배전커피 고히테이 炭火煎珈琲 皇琲亭

すみびせんコーヒー こーひーてい

집성목 바닥, 카운터는 천장 보를 활용하는 등 "아키타현 고민가의 재료를 사용했답니다." 매
니저 미우라 켄三浦研 씨의 설명이다. 마츠모토 민예가구, 반짝이는 동제 설탕 포트, 손님의
분위기에 맞추는 커피잔 등 세세한 부분까지 빈틈없는 고품격 전문성은 설명이 따로 필요 없
다. 다이쇼 14년(1925)에 창업한 커피회사 야마시타커피 직영점으로 쇼와 58년(1983)년에 개업
했다. 취급이 까다로운 기슈 비장탄만으로 로스팅한 콩 25g을 사용해 핸드드립한다. 뜸들이
지 않고 물을 계속 부어 '깔끔하면서 잡미 없는 커피'를 만드는 것이 신조다. 이에 반해 아이
스커피는 전용 강배전 콩을 융드립으로 천천히 추출해 냉장고에 보관해 둔다. 풍부한 향과
매끄러운 쓴맛이 있으며 역시 후미가 깔끔한 커피이다.

그리고 꼭 마셔보기를 권하는 것은 '호박의 여왕'이라고 불리는 앙불 드 렌. "오너가 시행착오

1. 얼굴이 비칠 정도로 반짝이는 동제 설탕 포트. 미우라
씨는 "매일 이 악물고 닦고 있어요."라며 웃는다. 2. 히라야
마 씨의 스케치(레프리카)가 걸려있다. 3. 오리지널 원두
도 판매한다(100g당 700엔).

shop info
- - - - - - - - - - - -
도쿄토 도시마구 이케부쿠로 1-7-2 도
구빌딩 1층
Tel: 03-3985-6395
영업시간: 11:00~22:30
정기휴일: 없음. 흡연가능
JR, 도쿄메트로, 도부토죠센 이케부쿠로
역에서 도보 3분

끝에 완성한 전용 원두인데요, 자세한 건 비밀입니다."라며 웃는 미우라 씨. 목이 가느다란 칵테일 잔에 제공되며, 생크림을 살짝 뿌려준다. 입에 넣는 순간 미끄러지듯 부드럽게 넘어가 버린다. 적당한 단맛과 진한 커피 맛이 혀 위에서 꽃피듯 우아하게 퍼져나간다. 이름처럼 우아한 여왕의 초대를 받은 듯하다. 여성 팬이 많을 것 같았는데 의외로 남성들에게 인기가 있다고.

COFFEE-TEI

4. 나무장식품과 드라이 플라워가 간접조명에 입체감을 불어넣는다. 5. 손님의 분위기를 보고 100종 넘는 커피잔 중 골라서 서빙한다. 6. "압도적으로 향기가 다르답니다." 한 잔씩 추출하는 커피는 원두 25g을 사용한다.

One more topic

창업 당시부터
사랑받고 있는 치즈케이크

계절 한정품을 포함해 항상 4종의 케이크를 준비한다. 가장 인기 있는 것은 치즈케이크(570엔). 통상 크림치즈 배합률은 20% 정도지만, 여기는 70%. 쫀득하고 탄탄하다. 은은한 산미가 감도는 치즈 자체를 먹는 듯하다.

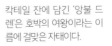

칵테일 잔에 담긴 '앙불 드렌은 호박의 여왕이라는 이름에 걸맞은 자태이다.

7. 앙불 드 렌(810엔). 핸드드립으로 단맛을
더하고, 얼음으로 급랭한 아이스커피에 생크
림을 살짝 올린다. 8. 아이스커피는 매일 아침,
융드립으로 추출해 둔다. 커피 향이 실내에
가득 찬다.

7

8

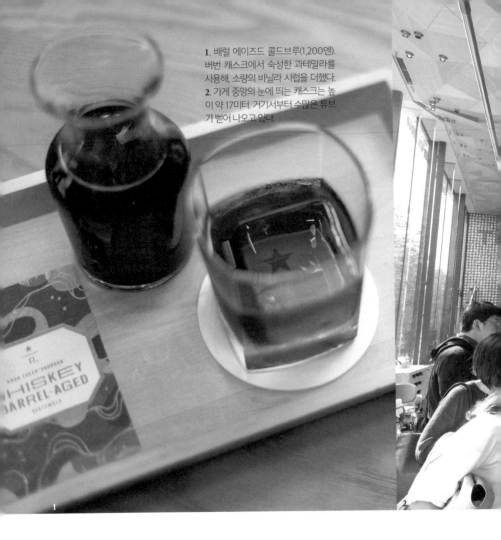

1. 배럴 에이즈드 콜드브루(1,200엔). 버번 캐스크에서 숙성한 과테말라를 사용해, 소량의 바닐라 시럽을 더했다.
2. 가게 중앙의 눈에 띄는 캐스크는 높이 약 17미터. 거기서부터 수많은 튜브가 뻗어 나오고 있다.

커피 원더랜드가 만들어내는
버번 향 가득한 한 잔

나카메구로(中目黒)

STARBUCKS RESERVE ROASTERY TOKYO

スターバックス リザーブ ロースタリー トーキョー

글 ― 기무라 리에코, **사진** ― 다카하시 아쓰시

입구에 선 도어맨이 큰 문을 열어 주었다. 안으로 들어서니 대형 로스터와 거대한 보관 통이 압도적 존재감을 드러냈다. 여기서 뻗어나온 튜브들이 매장 내부를 구석구석 연결하고 있는 것이 마치 영화 속에 등장하는 대형 공장 같았다. 스타벅스 리저브 로스터리 도쿄는 배전공장을 함께 하는 점포로, 로스팅하는 풍경을 직접 볼 수 있는 게 특징이다. 드링크 메뉴는 약 100종류에 달하며, 대부분은 여기에서밖에 맛볼 수 없는 한정품이다.

"커피의 깊이를 추구하기보다 많은 사람이 즐길 수 있도록 그 폭을 넓히는 것에 중점을 두고 있습니다. 고정관념인 '그건 아니잖아'에 도전해 보려고 합니다." 스타벅스 재팬 스즈키 교코鈴木教子 씨의 설명이다. 그 정신을 체험할 수 있는 커피가 바로 배럴 에이즈드 콜드브루일 것 같

❥ shop info

- - - - - - - - - - - - - - - - - -

도쿄도 매구로구 아오바다이 2-19-23
Tel: 03-6417-0202
영업시간: 7:00~22:00
주류제공은 9:00~22:00
정기휴일: 비정기적. 금연
도큐도요코센. 도쿄메트로 히비야센 나
카메구로역에서 도보 14분

다. 버번위스키의 오크에서 3년간 숙성한 커피콩
을 사용해, 14시간에 걸친 추출로 만든 커피다. 버
번의 단 향이 상상을 초월하듯 뿜겨져 나오며, 살
짝 추가한 바닐라 시럽 덕분에 바디감이 풍성하다.
그 외에 질소가 들어간 니트로 콜드브루는 입안의
감촉이 매끄러운 흑맥주 같다. 커피의 다양함과 기
획력에 할 말을 잃었다.

STARBUCKS RESERVE®
ROASTERY TOKYO

3. 이곳에서 로스팅한 콩을 계량해 판매하고 있다. **4.** 특별제작한 사각 얼음 아래로 코
스터의 R과 별 마크가 보인다. **5.** 오크통 등으로 만든 독특한 인테리어. **6.** 카스텔라로
유명한 '후쿠사야'와 컬래버레이션한 큐브형 카스텔라도 인기 만점.

일본 최초, 세계에서 5번째 스타벅스 리저브 로스터리로 2019년에
오픈. 구마 켄고(隈研吾) 씨가 설계를 맡았다.

7. 에스프레소 머신
은 블랙이글 8. 기포
가 섬세하고 고운,
니트로 콜드브루 숏
870엔, 톨 910엔.

One more topic

날씨가 좋으면
테라스 자리가 명당

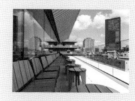

나카메구로는 건물이 많은 도쿄에
서도 손꼽는 곳이라서, 일반적으
로 전망이 그다지 좋지 않다. 그런
데 이곳 테라스에서만은 멀리 전
망할 수 있는 메리트가 있다. 시선
아래로는 메구로 강변으로 벚꽃길
이 이어져서 봄에는 최적의 꽃구
경 스폿이 된다. 계절마다 기후와
바람의 변화를 느끼면서 커피 타
임을 즐길 수 있는 멋진 곳이다.

둥글둥글 보름달 같은 아이스크림이
너무나 사랑스러운, 여름 풍경

노리즈 커피NORIZ COFFEE

ノリズコーヒー

글―사토 사유리, **사진**―후키즈카 유타

커피 플로트(630엔). 인도네시아 강배전을 핸드드립해 급랭한 아이스커피에, 둥글둥글한 바닐라 아이스크림을 올린다.

핸드드립으로 커피를 내리는 다나카 씨. 카운터에는 원두가 줄지어 있다.

사람들이 오가는 길가, 테이크아웃용 작은 창으로 이웃들과 인사를 나누는 가게 주인 다나카 노리히코田中宣彦 씨. 센가와의 '카페 카혼'이 개최한 커피세미나에서 기초 및 로스팅 기술을 배운 후 2016년에 개업했다. 잡미가 없는 깨끗한 맛을 만들기 위해 5종의 콩을 직접 로스팅해 맛과 향을 만드는 데 3일 정도 숙성시킨 후 사용한다.

어울리는 콩을 급랭하는 아이스커피 외에도, 여름 메뉴라고 할 수 있는 커피 플로트는 깊이 있는 맛을 내는 인도네시아 강배전 커피에 둥글둥글한 바닐라 아이스크림을 올리는데, 그 모습을 카메라에 담는 사람이 적지 않다. 아이스크림의 단맛과 커피의 바디감이 어우러져 혀 위에서 춤춘다. 에스프레소는 쓴맛보다도 산미를 이끌어 내기 위해 에티오피아 약배전을 블렌딩했다. 토닉 소다와 섞으면 화사한 향이 상쾌하게 온몸으로 퍼져 나간다.

🍃 shop info

도쿄도 무사시노시 사카이 2-8-1
Tel: 없음
영업시간: 11:00~18:00
정기휴일: 일요일~화요일, 금연
JR 주오센, 세이부타마가와센 무사
시사카이 역에서 도보 4분

NORIZ COFFEE

카운터를 바라보니 레몬청이 보인다. "국산으로 4월에서 6월경까지 계절 한정이에요. 레몬소다용이었는데 아이스커피와 섞어보니 너무 잘 어울려서, 단골이 늘어버렸어요." 필자도 도전해봤다. 에티오피아의 향이 레몬으로 증폭돼 진한 아이스티처럼 느껴졌다. 혀의 감촉을 자극하는 디저트를 곁들이면 맛과 향이 풍요로운 커피 타임의 추억이 만들어질 듯하다.

1. 스타일리시한 외관도 멋지다. 2. 카운터 안쪽에 후지로얄 로스터가 있다. 3. 카운터 앞에 커피나무가 자라고 있다. 4. 테이크아웃 전용 작은 창이 있다. 5. 드립한 커피를 얼음이 담긴 컵에 부어 급랭한다. 아이스커피는 취향의 콩을 선택할 수 있다.

One more topic

잘 찍은 사진은 인스타에 올려주세요

커피와 디저트의 영상미가 특별히 좋은 것이 NORIZ COFFEE의 매력 중 하나이다. 눈으로 호강하는 메뉴 사진들을 인스타그램에서도 즐길 수 있다. 사진은 가을 메뉴로 수제 푸딩에 밤크림을 올린 디저트. Instagram: @noriz.coffee

국산 레몬을 활용할 수 있는 시기에
만 등장하는 아이스 레몬커피(580
엔)는 꿀꺽꿀꺽 마시게 된다. 아내가
만든 달콤하고 향긋한 에스프레소 캐
러멜 롤케이크는 480엔. 에스프레소
토닉은 560엔. 흔들흔들 탱탱한 다
나카 씨의 수제 푸딩은 450엔.

감귤의 신선한 산미가
라테의 쌉쌀함에 살포시 기대어 함께하는

Woodberry Coffee Roasters
시부야점

ウッドベリー コーヒー ロースターズ しぶやてん

드라이 오렌지가 토핑된 라테 발렌시아
(650엔). 시즌 한정 다크노트 블렌드로
에스프레소에 오렌지와 레몬 시럽, 시나
몬 파우더가 녹아든다.

글 — 기무라 리에코, **사진** — 후키즈카 유타·다카하시 아쓰시

1. 조용한 환경에 마음이 쉬어간다. 2. 라테 발렌시아는 에스프레소와 수제 시럽을 셰이커로 섞어서, 우유가 들어있는 컵에 부어준다. 3. 핸드드립 굿커피팜즈(750엔). 시간 변화를 즐길 수 있도록 시가라키야키(信楽焼)의 서버와 컵으로 제공한다.

스페셜티 커피 전문점 '우드베리 커피'가 2019년 플래그십으로 새로 오픈한 곳이 바로 이곳. 가게는 시부야역에서 10분 정도 걸어간 골목, 히가와 신사氷川神社로 향하는 길에 있다.

"조용한 이 장소가 너무 좋아요." 점장 오카다 아이코岡田愛子 씨의 말이다. 추천해 주는 아이스 라테 발렌시아는 우유에 에스프레소, 오렌지와 레몬청, 시나몬 파우더를 블렌딩한 메뉴다. 에스프레소에 사용하는 원두는 그때그때 달라지지만, 이날은 니카라과와 브라질을 블렌딩한 다크노트 블렌드였다. 잔을 입으로 가져가니, 오렌지 향이 물씬 풍겨와서 비강을 상쾌하게 자극한다. 한입 마시니 상큼한 감귤계 산미에 한 박자 늦추어 우유의 고소함이 따라온다. 이후 에스프레소의 바디가 퍼져나간다. 시나몬의 향미는 액센트를 준다.

다른 메뉴 중 숯과 흑당, 검은깨 페스트를 넣은 아이스 쓰리 블렉라테도 추천하고 싶다. 화려

Woodberry Coffee Roasters

카운터에서 드립중인 오카다 씨. 능숙하게 주문을 받으면서 손님과 대화도 빠뜨리지 않는다.

5

⬥ shop info
- - - - - - - - - - - - - - - -
도쿄도 시부야구 히가시 2-20-18
Tel: 03-5962-7518
영업시간: 8:30~18:00
정기휴일: 없음, 금연
JR, 도쿄메트로, 도큐, 게이오각센
시부야역에서 도보 10분

4. 실내는 안쪽으로 긴 구조. 바리
스타와 이야기할 수 있는 카운터
석과 차분하게 앉아서 시간을 보
낼 수 있는 테이블석이 있다. **5.** 색
감도 참신한 쓰리 블렉라테(사진
은 아이스 800엔, 핫 쇼트 800엔,
톨 850엔). 검은깨에서 우러나는
일본의 맛이 매력 포인트다.

One more topic

원두 상품도 놓치면 안 돼요

가게에 진열된 원두는 약 10종. 오리지
널 블렌드 외에도, 싱글오리진이 충실하
게 갖춰져 있다. 이번 취재에서 마신 과
테말라 굿커피팜즈(150g, 1296엔)는 자
전거 같은 기계의 페달을 밟아서 정제
하는 농원의 커피. "우리가 임차해 운영
하는 농원으로, 종종 시찰을 다녀온답니
다." 오카다 씨의 설명이다.

하지 않은 회색조의 참신함도 좋은데 맛을 보면
웃음이 절로 난다. 검은 깨와 흑당의 일본스러운
맛이 인상적이지만, 분명한 라테다.
"주로 강배전을 사용하되, 그때마다 요구사항에
맞추어 에스프레소를 약배전 혹은 디카페인으로
하기도 합니다." 주말에는 아침부터 줄이 설 정
도로 인기를 누린다. 세련되고 멋진, 이 마을을
대표하는 자랑스러운 카페임이 분명하다.

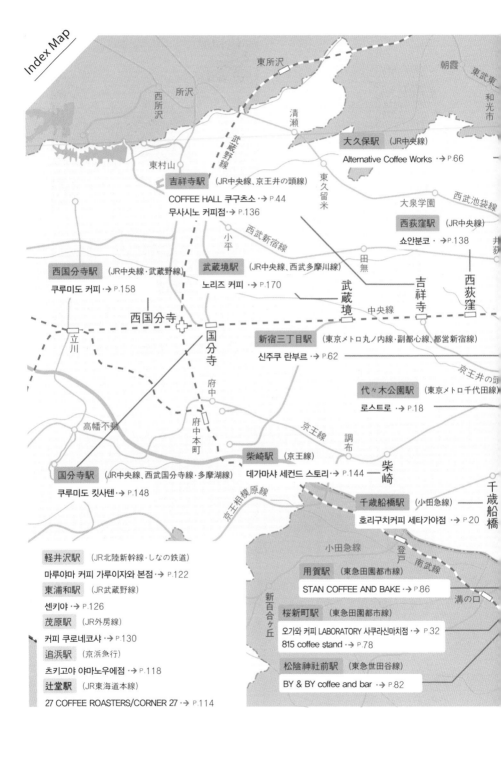

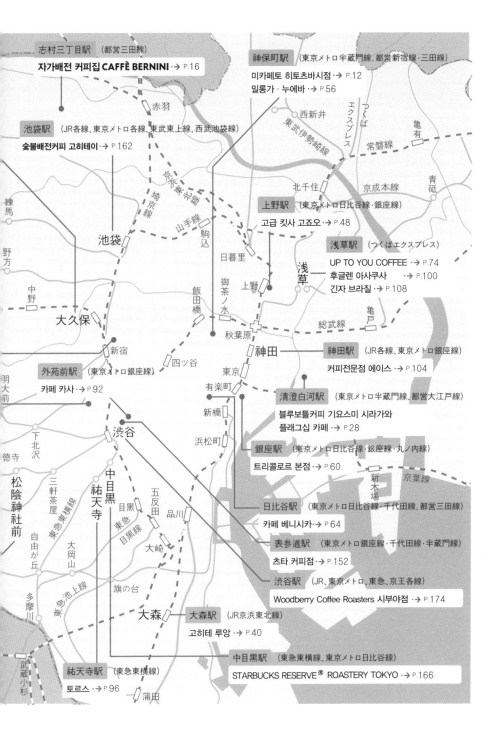

志村三丁目駅 （都営三田線）
자가배전 커피집 CAFFÈ BERNINI · → P.16

神保町駅 （東京メトロ半蔵門線・都営新宿線・三田線）
미카페토 히토츠바시점 · → P.12
밀롱가 · 누에바 · → P.56

池袋駅 （JR各線、東京メトロ各線、東武東上線、西武池袋線）
숯불배전커피 고히테이 · → P.162

赤羽

西新井

東武伊勢崎線

エクスプレス

つくば

常磐線

亀有

池袋

練馬

野方

中野

大久保

新宿

四ツ谷

外苑前駅 （東京メトロ銀座線）
카페 카사 · → P.92

渋谷

下北沢

徳寺

松陰神社前

三軒茶屋

自由が丘

大岡山

東急池上線

旗の台

東急目黒線

大崎

品川

五反田

目黒

中目黒

祐天寺

中目黒

東急東横線

東急目黒線

東急東横線

埼京線

京浜東北線

山手線

駒込

日暮里

御茶ノ水

飯田橋

上野

秋葉原

神田

東京

有楽町

新橋

浜松町

北千住

京成本線

青砥

上野駅 （東京メトロ日比谷線・銀座線）
고급 킷사 고죠오 · → P.48

浅草駅 （つくばエクスプレス）
UP TO YOU COFFEE · → P.74
후글렌 아사쿠사 · → P.100
긴자 브라질 · → P.108

浅草

亀戸

総武線

神田駅 （JR各線、東京メトロ銀座線）
커피전문점 에이스 · → P.104

清澄白河駅 （東京メトロ半蔵門線・都営大江戸線）
블루보틀커피 기요스미 시라가와
플래그십 카페 · → P.28

銀座駅 （東京メトロ日比谷線・銀座線・丸ノ内線）
트리콜로르 본점 · → P.60

新木場

京葉線

日比谷駅 （東京メトロ日比谷線・千代田線・都営三田線）
카페 베니시카 · → P.64

表参道駅 （東京メトロ銀座線・千代田線・半蔵門線）
츠타 커피점 · → P.152

渋谷駅 （JR、東京メトロ、東急、京王各線）
Woodberry Coffee Roasters 시부야점 · → P.174

大森

大森駅 （JR京浜東北線）
고히테 루앙 · → P.40

中目黒駅 （東急東横線、東京メトロ日比谷線）
STARBUCKS RESERVE® ROASTERY TOKYO · → P.166

祐天寺駅 （東急東横線）
토르스 · → P.96

蒲田

武蔵小杉

conclusion

마지막으로

이 책은 2011년 봄부터 2022년까지 11년간 간행되었던 계간지 〈커피 시간〉(다이세이샤)에서 소개한 도쿄와 근교 유명 커피집을 엄선해 한 권에 엮은 것입니다. 최근에 취재한 곳을 중심으로 하되 '취재한 지 오래되었지만, 꼭 싣고 싶었던 곳'은 다시 취재를 했습니다.

편집자인 저 다카하시 아쓰시는 휴간 기간까지 합쳐 총 8년간 잡지 편집장을 맡았습니다. 잡지 전체를 총괄해 촬영과 집필도 했습니다만, 이 책에 수록된 내용 대부분은 〈커피 시간〉 제작에 협력해 준 편집자, 작가, 사진작가 모두의 힘으로 이루어졌습니다. 그들의 집념 어린 취재와 취재에 응해주신 커피집 담당자, 독자 여러분의 지지 덕에 신뢰받는 매체로서 자리잡을 수 있었다고 생각합니다. 모든 커피집 담당자들이 재취재와 재게재를 위한 연락을 반기시며 당시의 즐거운 추억을 회상하였습니다. 잡지 휴간 사실을 모르고 있다가 "네? 없어지는 거예요?"라고 되묻는 분도 있었지요.

봄에 휴간하고 같은 해 가을에 이 단행본이 출판되는 것이라, 저 자신도 잡지 일이 계속 이어지는 듯한 기분이 듭니다. SNS상에서도 독자들이 벌써 잡지를 그리워하고, 여전히 '최종호를 읽으며 커피를 마시고 있어요.'라는 리뷰를 남겨주시기도 합니다. 정말로 행복한 시간이었습니다. 이렇듯 여러분에게 사랑받았던 매체로서 '한 번 더 다른 형태로 남기고 싶다'는 열망으로 생각해 낸 것이 바로 단행본 기획이었습니다.

단행본 기획 과정에서 많은 분의 조력을 받았습니다. 잡지 제작진은 물론이고, 잡지를 만드는 과정에서 편집권을 최대한 보장해준 다이세이샤 여러분, 그리고 무엇보다 이 책 제작에 전력을 기울인 이카로스 출판서적 편집부 스즈키 리에코 씨와 잡지 때와 변함없는 분위기를 살리면서 새롭게 디자인해주신 지바 요시코 씨에게 이 자리를 빌어 다시 한 번 감사의 인사를 올립니다.

2022년 10월 다카하시 아쓰시

옮긴이 **윤선해**

번역가이자 커피 관련 일을 하는 기업인이다. 일본에서 경영학과 국제관계학을 공부한 뒤 한국으로 돌아와 에너지업계에 잠시 머물렀다.

일본에서 유학할 당시 대학 전공보다 커피교실을 열심히 찾아다니며 커피의 매력에 푹 빠져 지냈기 때문에, 일본에서 커피를 전공했다고 생각하는 지인들이 많을 정도다. 그동안 일본 커피 문화를 소개하는 책들을 주로 번역해왔다. 옮긴 책으로《호텔 피베리》《커피 스터디》《향의 과학》《커피집》《커피 과학》《커피 세계사》《카페를 100년간 이어가기 위해》《스페셜티커피 테이스팅》이 있다.

현재 후지로얄코리아 대표 및 로스팅 커피하우스 'Y'RO coffee' 대표를 맡고 있다.

도쿄의 맛있는 커피집

첫판 1쇄 펴낸날 2023년 8월 25일

편저 | 高橋敦史(다카하시 아쓰시)
디자인 | 千葉佳子(지바 요시코)
지도 | ZOUKOUBOU
제작 진행 | 鈴木利枝子(스즈키 리에코)

옮긴이 | 윤선해
펴낸이 | 지평님
본문 조판 | 성인기획 (010)2569-9616
종이 공급 | 화인페이퍼 (02)338-2074
인쇄 | 중앙P&L (031)904-3600
제본 | 서정바인텍 (031)942-6006

펴낸곳 | 황소자리 출판사
출판등록 | 2003년 7월 4일 제2003-123호
대표전화 | (02)720-7542 팩시밀리 | (02)723-5467
E-mail | candide1968@hanmail.net

ⓒ 황소자리, 2023

ISBN 979-11-91290-27-1 03590